U0382141

药用植物
科普笔记

主　编：何　柳
副主编：王丽芝　刘　赛　罗红梅　徐晓兰
摄　影：刘　赛　陈　君　徐常青

图书在版编目（CIP）数据

药用植物科普笔记 / 何柳主编. —北京：东方出版社，2023.7
ISBN 978-7-5207-3159-1

Ⅰ. ①药… Ⅱ. ①何… Ⅲ. ①药用植物–青少年读物 Ⅳ. ① S567-49

中国国家版本馆 CIP 数据核字（2023）第 054210 号

药用植物科普笔记
（YAOYONG ZHIWU KEPU BIJI）

何　柳　主编

策　　划：鲁艳芳　黎民子
责任编辑：黎民子
出　　版：東方出版社
发　　行：人民东方出版传媒有限公司
地　　址：北京市东城区朝阳门内大街 166 号
邮政编码：100010
印　　刷：北京雅昌艺术印刷有限公司
版　　次：2023 年 7 月第 1 版
印　　次：2023 年 7 月北京第 1 次印刷
开　　本：710 毫米 ×1000 毫米　1/16
印　　张：16
字　　数：76 千字
书　　号：ISBN 978-7-5207-3159-1
定　　价：68.00 元
发行电话：（010）85924663　85924644　85924641

目录 CONTENTS

认识药用植物

什么是植物 / 002

植物的形态和构造 / 004

1 植物细胞 / 004

2 植物组织 / 004

3 植物器官 / 004

4 植物的生命循环 / 006

5 植物的分类及命名 / 007

6 我们身边的植物科 / 007

发现！植物的药用价值 / 009

1 古人发现植物能治病 / 009

2 药用植物分类与鉴定 / 010

从药用植物到药 / 011

1 中药炮制的起源 / 011

2 中药炮制的目的与方法 / 012

第二部分

药用植物笔记

金银花 / 016

生姜 / 020

半夏 / 022

百合 / 026

当归 / 030

合欢花 / 032

花椒 / 034

甘草 / 038

决明子 / 042

苍耳子 / 046

枸杞子 / 048

桔梗 / 052

柴胡 / 056

党参 / 060

黄芩 / 062

黄芪 / 066
杜仲 / 070
白果 / 074
丁香 / 078
人参 / 082
三七 / 086
大枣 / 090
山药 / 092
山楂 / 096
川芎 / 100
川贝母 / 104
马齿苋 / 108
天麻 / 112
车前草 / 116
牛蒡子 / 120
月季 / 124
水仙 / 128
板蓝根 / 132
侧柏叶 / 136
茜草 / 140
草果 / 144
茯苓 / 148
穿心莲 / 152
桃仁 / 156
桑叶 / 162
黄连 / 166
梅花 / 170
紫花地丁 / 174
蒲公英 / 178
薄荷 / 182
石斛 / 186
麦冬 / 190
芦荟 / 194
灵芝 / 198
栀子 / 202
荷叶 / 206
菊花 / 210
佛手 / 214
胖大海 / 218
小茴香 / 222
覆盆子 / 226
槐花 / 230
葛根 / 234
龙眼肉 / 238
麦芽 / 242

参考书目 / 247

—第一部分—

认识药用植物

什么是植物

大约几亿年前，植物从水生环境进入陆生环境，成为太阳能的收集者，也成为地球“绿色风景”的制造者，是动物和人类重要的食物来源。虽然植物不能像动物那样自主移动觅食，但是它们进化出了向重要资源生长的能力，例如，叶子的向光性、根系的向水性和向肥性等。

随着科学研究的发展，人们对植物的认识不断更新，对植物界定的范围也在不断调整。以前，人们认为不能自主移动的生物都叫植物，例如原核生物、真菌、藻类、地衣、苔藓、蕨类和种子植物等。现在，根据生物结构特点和生活方式，原核生物和真菌都被归入了微生物。

依据现在的植物分类依据，植物主要包括苔藓植物、蕨类植物和种子植物。苔藓植物不含有用于传输水分和营养的维管组织，它们通过孢子繁殖，目前已经发现两万多种，比较常见的且可做药用的苔藓植物如地钱等。蕨类植物和种子植物体内都具有运输水分和养分的维管组织，因此又统称为“维管植物”或者“维管束植物”。

种子植物是植物中进化最为高等的一类，能够产生种子并通过种子繁育后代。根据种子外面有或没有果皮的包被，种子植物又可分为裸子植物和被子植物。本书所介绍的药用植物大多是种子植物。种子植物的大小和形态丰富多样，从植物个体的高度低于1厘米的浮萍到超过100米的红杉树，虽然它们形态各异，但是它们的生活方式都较为相似。

地球上的生命体赖以生存的能量都来自太阳，植物的光合作用是唯一能够捕获光能的生物学途径。1903 年，科学家从植物中分离出叶绿素，而 20 世纪 40 年代到 60 年代，人类才逐步了解光合作用的原理。简单来说，光合作用就是指细胞中的叶绿素等光合色素吸收光能，将二氧化碳和水分子奇迹般地变成葡萄糖的过程。植物可以利用太阳光，也可以利用人造光进行光合作用，为生命活动提供能量。植物通过光合作用生长不息，也成为地球上生物链中的重要一环。

植物的生命周期差异性很大，有些植物寿命可达千年之久，有些则仅能存活几个星期。根据它们寿命的长短可分为一年生、两年生和多年生植物。一年生植物可以在一年或一个季节内完成发芽、生长和开花结果；两年生植物通常是在第一年发芽生长，第二年才会开花结果，随后凋零死亡；多年生植物能活至少两年以上，每到冬天它们都会休眠，露在地面上的枝条看上去它们好像已经枯死，但地下的根仍然具有活力，当第二年春天来临，它们就会重新萌发出新的枝叶。

植物的形态和构造

1 植物细胞

细胞是生命活动的基本单位，在高等植物成熟细胞中都有一个相当大的中央大液泡，这是高等植物成熟细胞的重要特征之一。不同植物，以及同一植物不同组织的细胞，形状和大小有很大差异，大多数高等植物细胞的直径大约是几十微米，而轮藻的节间细胞可以长达几厘米，宽1毫米左右。植物细胞形状也多种多样，有球形、类球形、纺锤形、多面体形、圆柱形、长管形和不规则形等。

2 植物组织

在生长过程中，细胞经过分裂、生长形成各种组织。植物体内既有由同一类型细胞构成的简单组织，也有由不同类型细胞构成的复合组织。每种组织可以独立行使不同功能，不同组织间也可以相互协同，完成生理功能。

3 植物器官

‖根‖

根是植物为适应陆地生活逐渐进化而来的，通常生长在土壤中（有些植物存在向空气中生长的气生根），具有向地性、向湿性、背光性等特点，有吸收、固着、贮藏等功能。根从土壤中吸收水分、无机盐等，输送到植物体其他部分满足其生长需要。根能合成植物激素等，对植物生长、发育有重要作用。根中贮存着丰富的营养物质和次生代谢产物，是药用植物重要的入药部位，中药材里的人参、三七、地骨皮、牡丹皮等均是以根或根皮入药。

‖ 茎 ‖

茎是植物重要的营养器官，连接根、叶、花和果实，通常生长在地面以上。茎有输导、支撑、贮藏和繁殖功能。茎既可以将根部吸收的水分和无机盐向上运送到叶、花和果实等器官，也可以将叶制造的有机物质向下运输到根、花和果实等器官。许多植物的茎贮藏有水分和营养物质，如仙人掌的茎贮存水分，甘蔗的茎贮存蔗糖，半夏的块茎贮存淀粉等。有些植物的茎上能产生不定根和不定芽，可作为繁殖材料。

许多植物的茎的全部或部分可以药用，如木通、密花豆的藤茎，钩藤的带钩茎枝，沉香、降香的心材，通草的茎髓，杜仲、黄柏的茎皮，黄连、半夏、川贝母等的地下茎。

‖ 叶 ‖

叶是植物进行光合作用的重要器官。有的植物叶具有贮藏作用，如贝母、百合的肉质鳞片叶等；少数植物的叶具有繁殖作用，如秋海棠等落地生根的叶。具有药用价值的叶有大青叶、番泻叶、枇杷叶、侧柏叶、紫苏叶、艾叶等。

‖ 花 ‖

花是由花芽发育而成的适应生殖、节间极度缩短、不分枝的变态枝。花是种子植物特有的繁殖器官，通过传粉和受精，可以形成果实或种子，起着繁衍后代延续种族的作用。裸子植物的花构造较简单，无花被，单性，形成球花。被子植物的花高度进化，构造复杂，形式多样，一般所说的花是指被子植物的花。

很多植物的花可以药用。花类药材中有的是植物的花蕾，如辛夷、金银花、丁香、槐米等；有的是已开放的花，如洋金花、木棉花、金莲花等；有的是花的一部分，如莲须是雄蕊，玉米须是花柱，番红花是柱头，松花粉、蒲黄是花粉粒，莲房则是花托；也有的是花序，如菊花、旋覆花、款冬花等。

‖ 果实和种子 ‖

果实是被子植物特有的繁殖器官，一般由受精后雌蕊的子房或子房连同花的其他部分共同发育形成。果实外被果皮，内含种子，具有保护和散布种子的作用。果皮通常可以分为外果皮、中果皮、内果皮三部分。

种子是种子植物特有的器官，是由胚珠受精后发育而成，其主要功能是繁殖。种子的结构一般由种皮、胚、胚乳三部分组成。有的种子也没有胚乳。

4　植物的生命循环

‖ 从花到果实 ‖

大约在一亿四千万年前，地球上的植物开出第一朵花，营养丰富的花粉吸引了附近的昆虫，前来采食的昆虫不小心将沾在身上的花粉带到另一朵花的柱头上，于是雄配子体与雌配子体融合，完成了植物受精过程，这种能开花的植物就是被子植物。在这之前，裸子植物并没有花，它们通过风或水等媒介完成授粉，这个过程通常需要几个月的时间。而被子植物，通过蜜蜂、蝴蝶、果蝇等动物完成授粉，将授粉时间缩短至一天以内，大大提高了被子植物的繁殖效率。种子的产生既是植物生命周期的最后阶段，也意味着新生命的开始。

‖ 从果实到种子 ‖

在被子植物出现之前，裸子植物的胚珠是裸露的，授粉之后产生的裸露的种子一般会通过植物弹射或者风、水将种子带到合适的土壤中，遇到适宜的气候条件便会萌发生长。被子植物完成授粉以后，胚珠发育成种子，子房发育成果实。芬芳美味的果实吸引了人类和动物采食，不能被消化的种子留下来就会被人类和动物带到更远的地方，这使得被子植物更容易被传播到更远的地方。

5　植物的分类及命名

植物界的分类单位从大到小依次为：门、纲、目、科、属、种。《国际植物命名法规》规定植物的植物名必须用拉丁文或其他文字拉丁化后来书写及应用。植物种名采用了瑞典生物学家林奈倡导的“双名法”，即植物种的植物名由两个拉丁词组成，第一个词是属名，第二个词是种加词；为了便于引证和核查，还应附上首次合法发表该名称的命名人名。一般书写的时候属名和种加词用斜体，命名人名用正体。

6　我们身边的植物科

‖ 伞形科 ‖

伞形科植物花小，单朵花的花梗都聚集在一个点，形成伞状，因此称为伞形花序，每个“小伞”又会排成“大伞”构成复伞形花序。伞形科是被子植物中较大的科之一，大约包含 400 多属，3500 多种植物。该科植物多为直立分枝的一年生和多年生草本植物，茎部中空，比较常见的如芹菜、芫荽（俗名香菜）

和胡萝卜等。其中，已知能作为药用的有50多属，200多种，比较常见的如当归、北柴胡和积雪草等。

‖ 十字花科 ‖

十字花科植物最大特征就是花具有4枚排成十字形的花瓣，通常会形成总状花序或伞房花序。因富含芥子油苷，所以常有特征性的芥末气味，常见的蔬菜如，芥菜（俗名雪里蕻）、榨菜、萝卜等。常用的中药大青叶和板蓝根则分别是十字花科植物菘蓝干燥的叶和根。十字花科植物中的明星当属欧亚大陆杂草拟南芥，它是当今植物生理学和分子生物学研究的模式物种，也就是说做这些研究都可以拿它来作对照。

‖ 蔷薇科 ‖

蔷薇科目前包含124属3000多种植物，是对人类非常重要的一个科，因为它包含许多可食用的水果，如苹果、梨、桃和许多常见的园艺花卉，如蔷薇、月季花、樱花等。中药苦杏仁是该科杏的干燥种子。蔷薇科植物花瓣多为5基数，辐射对称，花冠没有特化，花冠扁平或浅杯状，适合多种多样的传粉者如蝇类、蜂类、蝶类、蛾类和甲虫等。

‖ 菊科 ‖

菊科学名为Compositae，词源意为“复合的”，指的就是菊科植物看上去像单独“花”的结构其实是一个复合体，实质是由若干舌状花或管状花聚集而成的头状花序。菊科大约包含1500多属，23600多种植物，是地球上最大的植物科。包括常见的观赏植物菊花、金盏花和向日葵等，常见蔬菜茼蒿和菊芋（它的块茎俗称洋姜）等，还有大约300多种可为药用的菊科植物，常见的有红花、黄花蒿、艾等。

发现！植物的药用价值

1 古人发现植物能治病

《史记·补三皇本纪》记载："神农氏……始尝百草，始有医药。"《淮南子·修务训》记载："神农……尝百草之滋味，水泉之甘苦，令民之所避就，当此之时，一日而遇七十毒。"

远古时期，人们以采摘野生瓜果为生，生吃鱼肉蚌蛤，经常有人中毒生病而死，寿命很短。传说勤劳勇敢的神农氏长着牛头人身，身形特异，他为了救治中毒生病的人们，跋山涉水，尝遍多种草木，曾经一天之内就遇到七十种有毒的植物。经过长期的亲自尝试，神农氏了解了各种植物温凉热毒的特性，不但教会人们如何辨别有毒植物，避而不食，还发明用不同植物治疗不同疾病的方法。经过后人漫长的、无数次的反复实践，越来越多的植物药用知识被篆刻记载下来，最终形成了我国最早的药物学专著《神农本草经》。

到了明代，自幼习医的李时珍，博览群书，他发现前人编写的药学书中有不少错误。于是他遍访名医，又亲自远涉深山旷野，收集了大量药用植物标本，又参阅了八百多种书籍，将《神农本草经》《名医别录》《雷公炮炙论》《唐本草》等中药著作进行了整理、补充，并将自己的发现与见解写进其中。经过27年的努力，李时珍于1578年完成了《本草纲目》这部药物学巨著。

这部书对药用植物进行了更为详细的描述，如丹参"一枝五叶，叶如野苏而尖，青色皱毛。小花成穗如蛾形，中有细子，其根皮丹而肉紫”。意思是说，丹参叶子一般是五片长在一起，叶子形状有点像薄荷的叶子卵形末端尖，绿色布满柔毛；它的花很多，成穗状，长得像飞蛾的样子，中间有花柱伸出来；它的根皮是深红色，肉质根呈紫色。

李时珍除了将他丰富的药用植物认知和采摘经验写进书里，还囊括了我国劳动人民在生产实践中积累的大量自然知识、生产技术知识和社会历史知识，对世人有非常深远的影响。英国生物学家达尔文在其著作中就多次引用《本草纲目》，并称之为当时中国的“百科全书”。英国著名科技史学家李约瑟称赞李时珍为“药物学界之王子”。

1999 年由国家中医药管理局主持编纂的《中华本草》总结了我国两千多年来的中药学成就，共收录 8980 味中药，包括 6546 种药用植物。内容涉及中药品种、栽培、药材、化学、中医、炮制、制剂、药性理论、临床应用等中医药学知识，内容丰富，是继《本草纲目》之后对我国本草学发展的又一次划时代总结。

本书第二部分将以《中国药典》和《中国植物志》为基础，介绍六十种常见的药用植物，从植物形态、药用知识、中药炮制、传说故事等方面，帮助药用植物爱好者们了解药用植物，发现中药之美。

2 药用植物分类与鉴定

植物分类鉴定的传统方法主要建立在植物的外部形态上，包括繁殖器官和营养器官的形态特征。通过观察植物及其标本的形态，辅以对生态和习性等的了解，并参考相关分类学文献资料，可以确定植物类群的归属。

随着现代科学新技术的发展，尤其是显微技术、化学技术及分子生物学技术的发展，出现了基于化学性状的化学分类方法、基于数学模型和分析方法的数值分类方法、基于分子生物学研究的 DNA 分子鉴定方法等。

从药用植物到药

1　中药炮制的起源

中药炮制，历史上常称为“中药炮炙”，“炮炙”就是食物加工的一种形式。

在原始社会初期，人类采集野果、种子、植物根茎充饥时，常常会误食某些有毒的植物，因而发生呕吐、腹泻、昏迷，甚至死亡等情况。后来人们发现一些植物可以缓解和减轻身体的某些疾病或者不适，久而久之，便将这些知识积累起来，形成了最初的药物知识。长此以往人们认识到有些食物可以药用，有些药物也可以食用，两者之间很难严格区分。人们在食用某些食物和药物之前清洗、切成小块等简单的加工便是中药炮制的雏形。

在人类发现“钻燧取火”以后，利用火来“炮生为熟”的食物加工方法同样运用到处理药物上来，出现了早期的中药高温处理方法——“炮炙法”“药炒法”。

当酒出现以后，酒便作为辅料用于中药炮制，产生了中药的辅料制法。随着陶器的发明和应用，又开始出现了更复杂的蒸制、煮制或者煅制加工方式。

在《本草纲目》中，药物的中药炮制记录在“修治”一项中，收列了前代五十多家本草方书中的炮制资料。明代的缪希雍编纂的《炮炙大法》，收载了439种药物的中药炮制，对明代以前的中药及中药炮制进行了归类，总结出“雷公炮炙十七法”，对后世的中药炮制研究有重要的指导意义。

2 中药炮制的目的与方法

中药炮制的主要目的是保证用药安全，保证质量稳定，加强药物疗效，减除毒性或副作用，便于贮藏和服用等。

（1）使药物达到规定的药用净度

来源于大自然的中药材，在采收、运输、贮藏保管过程中，常混有泥沙、灰尘，或者加工过程中产生的碎屑或残存辅料，这些杂质会使用药剂量不准确，所以需要通过净制（清洗）处理，使其达到规定的药用净度。

一些药用植物的不同部位有不同的疗效，有些部位并没有药用效果，所以需要通过切制，以保证用药准确。如黄柏，应除去外部粗皮和内部木质部；巴戟天应除去木心等。

（2）降低或消除药物的毒性或副作用

有些药用植物具有较好的疗效，但含有有毒成分，如川乌、草乌有大毒，用蒸、煮等法加工以后可以降低毒性；莨菪、吴茱萸等含有生物碱成分，用醋处理以后，可使生物碱成盐，避免服用后产生不良反应。

炮制还可以除去或降低药物的副作用。如厚朴辛辣，对咽喉刺激大，姜炙以后可以消除其副作用；生大黄泻下作用剧烈，容易引起腹痛等副作用，用酒蒸以后泻下作用缓和，便于用药。

（3）增强疗效

有些药物通过适当炮制处理，可以提高其有效成分的溶出率，并使溶出物易于吸收。例如，《医宗粹言》中写道："决明子、萝卜子、芥子、苏子、韭子、青葙子、凡药用子者俱要炒过，入煎方得味出。"这类种子类药物炒黄后，种皮爆裂，更有利于有效成分随水煎出，使药效增强；健脾消食类药物炒焦后产生焦香气味，增强消食健脾胃作用；

止血类药物炒炭后，增强收敛止血作用。

（4）缓和或改变药物的性能

改变药性，即改变药物的四气（寒、热、温、凉）五味（辛、甘、酸、苦、咸）。药物经过炮制可以改变药物性味，从而达到改变药物作用的目的。

生麻黄发汗解表作用很强，蜜炙后可缓和发汗作用，增强润肺止咳平喘作用；生地黄味甘苦性寒，能清热凉血，蒸后的熟地黄味甘性微温，具滋阴补血的功能；天南星经胆汁炮制后，药性由辛温转为苦凉，功能由燥湿化痰变为清热化痰。

（5）改变或增强药物的作用部位和趋向

中医对疾病的部位通常以经络、脏腑来归纳，对药物作用趋向以“升降浮沉”来表示。中药炮制便可以改变药物的作用部位和趋向。如生黄连性味苦寒，善清心火，酒炙后能引药上行，清上焦头目之火；生黄柏性寒而沉降，酒炙后借酒升腾，引药上行，转降为升，清上焦湿热；知母能升能降，生知母偏于升，长于泻肺胃之火，盐炙后偏于降，专于入肾，能增强滋阴降火的作用。

（6）便于调剂和制剂

药物切制成一定规格的饮片，便于调剂时称量和煎煮。如白芍等质地致密坚实的药物切成薄片；大黄等大块坚硬的药物切成厚片；黄柏等皮类药物切制成丝；薄荷等全草类药物切成段，均有利于配方时称量、制剂时粉碎和煎出有效成分。

（7）矫臭矫味，利于服用

动植物类或其他具有腥臭味的药物，往往难以口服或者服后容易出现恶心、呕吐等不良反应，炮制能矫正其腥臭味，如乳香、没药等用醋炙法能达到矫臭矫味的目的。

(8)利于贮藏，保存药效

中医治病用药大多是采用中药汤剂，但也会根据病症的需要选用一定的成药。中药传统制剂有丸剂、散剂、膏剂、酒剂等，为了适应中药调剂和制剂的需要，则须将原药材进行加工炮制。如部分坚硬的贵重药材三七、沉香等，常研成细粉便于冲服。

(9)产生新的药物，扩大用药品种

经炮制后产生新的药物，扩大药物的使用范围。如人头发不可以直接药用，但是煅制以后，制成血余炭，则是止血散瘀之良药。生棕榈一般不入药，煅制后的棕榈炭具有收涩止血的功能。面粉、苦杏仁、赤小豆等六种原材料发酵制得的六神曲，具有健脾和胃、消食调中的功能。大麦经发芽制成麦芽，具有消食、疏肝的作用。

第二部分

药用植物笔记

金银花

植物名 | 忍冬
拉丁名 | *Lonicera japonica* Thunb.
别名 | 银花、金花、双花、二宝藤、双苞花

目 | 川续断目　　花期 | 4-6 月
科 | 忍冬科　　果期 | 10-11 月
属 | 忍冬属

生长在 |
在我国大部分地区均有分布。在日本、朝鲜和北美洲也有分布。

仔细观察

金银花是半常绿藤本植物，它的茎中空，有很多枝条，老的枝条成棕褐色，新发出的枝条有一层细密的柔毛。

每段枝节上叶子成对出现，花也成对出现。

每年春天开始开花，花初开为白色，几天后变成黄色，香气浓郁。

等到秋天果实成熟，会结出蓝黑色球形浆果，里面是卵圆形或椭圆形的种子。

金银花凌冬不凋，明代思想家王夫之曾作诗赞美它“无惭高士韵，赖有暗香闻。”主要生于海拔1500米以下的山坡灌丛、稀疏树林以及村庄篱笆边。

药用部位

中药炮制

每年花期，采集顶端膨大未开放的花蕾，先高温杀青，再晾干或烘干制成药材。新鲜药材呈浅黄绿色，如果直接泡水饮用，会尝到淡淡的苦味和甜味。

中医里说——

金银花中主要含有绿原酸、木犀草苷、多糖等天然活性物质，对多种病原菌具有抑制作用，能抗病毒、抗感染，具有清热解毒的作用。中医里常用来治疗：急慢性扁桃体炎、流感、风热感冒等多种感染性疾病。《本草纲目》中记载：“其花长瓣垂须，黄白相半，而藤左缠，故有金银、鸳鸯诸名。”

小知识

忍冬的茎、叶和花都含有丰富的有机酸、多糖和黄酮类物质。忍冬花的中药名为金银花，它的枝条干燥以后也是一味中药，叫忍冬藤。

互动笔记

金银花一半白一半黄，经常能在公园或者小区花园里见到，如果你发现它了，也拍一拍放在这里吧！

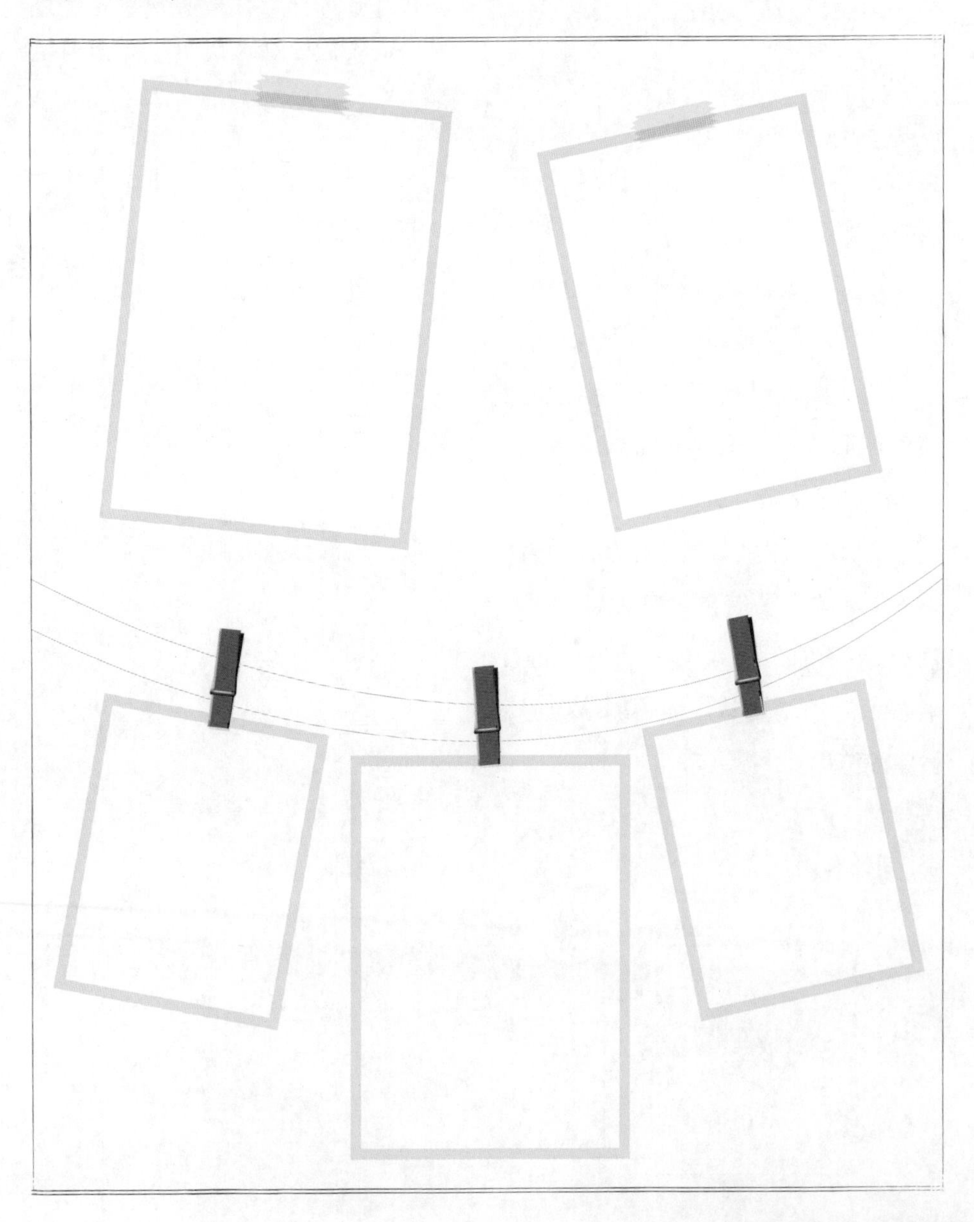

生姜

植物名 | 姜
拉丁名 | *Zingiber officinale* Roscoe.
别名 | 百辣云、炎凉小子、因地辛

目 | 姜目　　花期 | 秋季
科 | 姜科
属 | 姜属

生长在 |
我国中部、东南部至西南部各省区广为栽培。亚洲热带地区亦常见栽培。

仔细观察

姜的植株高 0.5–1 米；根茎肥厚，多分枝，有芳香及辛辣味。

叶片披针形或线状披针形，长 15–30 厘米，宽 2–2.5 厘米，无毛，无柄；叶舌膜质，长 2–4 毫米。

总花梗长达 25 厘米；穗状花序球果状，长 4–5 厘米；苞片卵形，长约 2.5 厘米，淡绿色或边缘淡黄色，顶端有小尖头；花萼管长约 1 厘米；花冠黄绿色，管长 2–2.5 厘米，裂片披针形，长不及 2 厘米；唇瓣中央裂片长圆状倒卵形，短于花冠裂片，有紫色条纹及淡黄色斑点，侧裂片卵形，长约 6 毫米；雄蕊暗紫色，花药长约 9 毫米；药隔附属体钻状，长约 7 毫米。

药用部位

中药炮制

秋、冬二季采挖，除去须根和泥沙，洗净。用时切厚片。

中医里说——

姜味辛而性温，辛可发表散寒；辛温可止呕，开痰。治感冒风寒、呕吐、痰饮、喘咳、胀满、泄泻；解半夏、天南星及鱼蟹、鸟兽肉毒。《本草纲目》中记载："初生嫩者其尖微紫，名紫姜，或作子姜；宿根谓之母姜也。"

小知识

生姜可作烹调配料或制成酱菜、糖姜。茎、叶、根茎均可提取芳香油，用于食品、饮料及化妆品香料中。

根茎所含挥发油的主要成分为姜醇、姜烯、莰烯、水茴香烯、龙脑、枸橼醛及按油精等。此外尚含辣味成分姜辣素、油状辣味成分姜烯酮及结晶性辣味成分姜酮等。

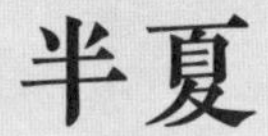

半夏

植物名 | 半夏

拉丁名 | *Pinellia ternata* (Thunb.) Breit.

别名 | 地文、水玉、示姑、和姑

目 | 泽泻目　　花期 | 5-7月

科 | 天南星科　　果期 | 8月

属 | 半夏属

生长在 |

全国各地广泛分布，常见于海拔2500米以下，草坡、荒地、玉米地、田边或疏林下，为旱地中的杂草之一。朝鲜、日本也有。

仔细观察

半夏的块茎，呈圆球形，直径1–2 厘米，有须根。

叶片一般 2–5 枚，有时 1 枚。叶柄长 15–20 厘米，基部具鞘，鞘内、鞘部以上或叶片基部长有直径 3–5 毫米的珠芽，珠芽在母株上萌发或落地后萌发；幼苗叶片卵状心形至戟形，为全缘单叶，长 2–3 厘米，宽 2–2.5 厘米。

本种喜暖温潮湿，耐荫蔽；可栽培于林下或果树行间，或与其他作物间作，可用块茎、珠芽或种子繁殖。

中医里说——

半夏有毒，在中医里能燥湿化痰，降逆止呕，消痞散结；古时多用于治疗咳嗽痰多、恶心呕吐。

‖ 药用部位

互动笔记

半夏的名字真好听，很有夏天的味道，你从它的名字里还能想到什么故事呢？试着写写看。

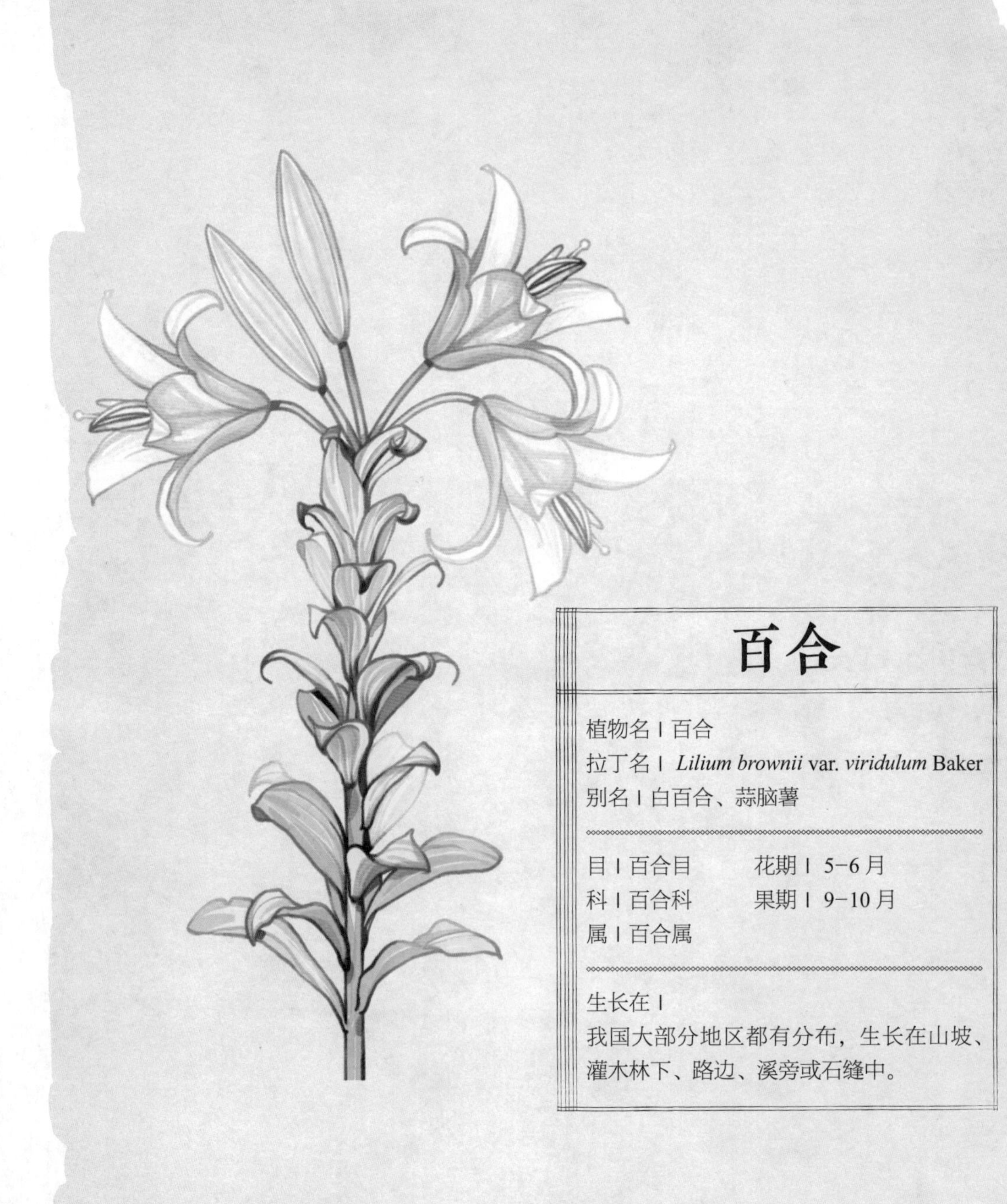

百合

植物名 | 百合

拉丁名 | *Lilium brownii* var. *viridulum* Baker

别名 | 白百合、蒜脑薯

目 | 百合目　　花期 | 5-6 月

科 | 百合科　　果期 | 9-10 月

属 | 百合属

生长在 |

我国大部分地区都有分布，生长在山坡、灌木林下、路边、溪旁或石缝中。

仔细观察

百合是百合科多年生草本球根植物。鳞茎球形，直径 2–4.5 厘米，茎高 0.7–2 米，有的有紫色条纹，有的下部有小乳头状突起。叶散生，通常自下向上渐小，倒披针形至倒卵形，长 7–15 厘米，宽 1–2 厘米，先端渐尖，基部渐狭，具 5–7 脉，全缘，两面无毛。

花单生或几朵排成近伞形，花梗长3–10厘米，稍弯；苞片披针形，长 3–9 厘米，宽 0.6–1.8 厘米；花喇叭形，有香气，乳白色，外面稍带紫色。它的鳞茎含丰富淀粉，可食用也可作药用。

‖ 药用部位

‖ 中药炮制

除去杂质，洗净，干燥即可。

中医里说——

百合甘凉柔润，养阴润肺，清心安神。古人用它治疗阴虚燥咳、虚烦惊悸、失眠多梦、精神恍惚。《本草纲目》中写：“百合之根，以众瓣合成也。或云，专治百合病，故名，亦通。其根如大蒜，其味如山薯，故俗称蒜脑薯。”

‖ 传说故事

古时东海有一伙海盗，把妇女、儿童上百人劫到一座孤岛。第二天，海盗出海，狂风大作，掀翻了贼船，海盗全被淹死。孤岛上的妇女、儿童与外界隔绝，没有粮食，只有寻野草充饥。岛上长着一种开白色喇叭花的植物，它的根部有一个白色的、圆圆似“蒜头”的东西。大家把它挖出来，吃到嘴里竟十分爽口，妇女和儿童们以此为食，吃了一段时间，不仅没有饿死，原先上岛之后患痨病咳血的人也恢复了健康。后来，他们被救回大陆，并把这救命的野草也带回了大陆栽种。因这野草救活差不多百余人，人们就给它取名叫“百活”，也就是“百合”。

小知识

百合的鲜花含有丰富的芳香油，可用于制作香料。百合的鳞茎含丰富淀粉，是药食两用的珍贵材料。

当归

别名 | 秦归、云归

植物名 | 当归

拉丁名 | *Angelica sinensis*（Oliv.）Diels

目 | 伞形目　　花期 | 6–7 月

科 | 伞形科　　果期 | 7–9 月

属 | 当归属

生长在 |

主要分布在甘肃东南部，岷县产量较多，在云南、四川、陕西、湖北等省也有栽种。

仔细观察

多年生草本植物，一般高0.4–1米。根是黄棕色圆柱体，有许多须根，有浓郁香气。茎直立，呈绿白色或带紫色，光滑无毛。叶片像羽毛状分裂，叶柄长3–11厘米，呈紫色或绿色。花期一般在6–7月，有多个像伞一样的花序，小伞形花序有花13–36朵。果期一般在7–9月。

药用部位

中药炮制

除去杂质，洗净，润透，切薄片，晒干或在低温干燥。

中医里说——

功效补血活血；治月经不调，经闭腹痛，血虚头痛、眩晕、肠燥便难，赤痢后重、痈疽疮疡、跌打损伤。

传说故事

相传有个乡村老妇人，因儿子出门经商多年未归，深感自己孤苦伶仃，故请一位老郎中代写一封信寄给儿子，希望儿子能早日归乡。此郎中不动笔杆子，只捡了一包中药交给老妇人，吩咐她托人捎给她儿子便可。当儿子打开老母亲托人带来的药包时，发现里面只有四味中药，百思不得其解。后来，经人指点，儿子顿时醒悟，立即整理行装启行，不久便回到了母亲身边。是什么药如此巧妙地激起儿子的归乡之心？原来这四味药是：当归、熟地、知母、乳香。若拼凑排列起来，便成为两句话："知母乳香，当归熟地。"儿子怎么能忘记母亲的养育之恩呢。

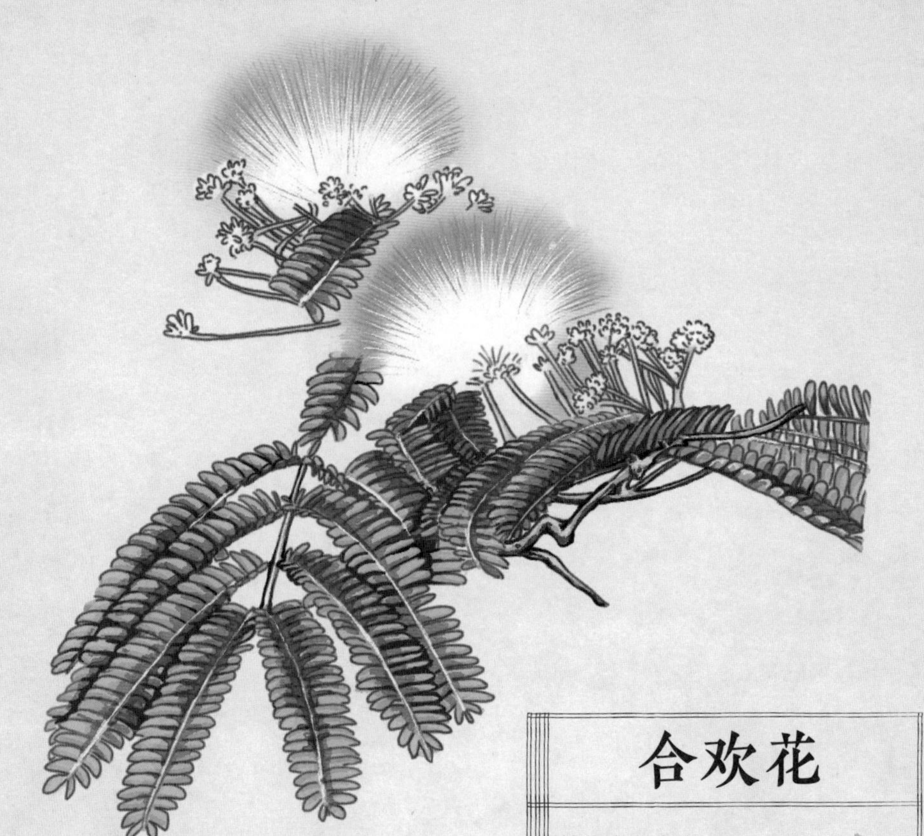

合欢花

植物名 | 合欢
拉丁名 | *Albizia julibrissin* Durazz.

目 | 豆目　　　花期 | 6-7 月
科 | 豆科　　　果期 | 8-10 月
属 | 合欢属

生长在 |
产于我国东北至华南及西南部各省区，在非洲、中亚至东亚均有分布。主要在山坡或栽培。

仔细观察

合欢树是落叶乔木，高达 16 米。小枝有棱角，嫩枝、花序和叶轴被绒毛或短柔毛。托叶线状披针形，较小叶小，早落。二回羽状复叶，总叶柄近基部及最顶一对羽片着生处各有 1 腺体；羽片 4–12 对；小叶 10–30 对，线形或长圆形，长 0.6–1.2 厘米，向上偏斜，先端有小尖头，具缘毛，有时下面沿中脉被短柔毛；中脉紧靠上缘。

头状花序于枝顶排成圆锥花序；花序轴蜿蜒状。花粉红色；花萼管状，长 3 毫米；花冠长 8 毫米，裂片三角形，长 1.5 毫米，花萼、花冠外均被短柔毛；花丝长 2.5 厘米。荚果带状，长 9–15 厘米，宽 1.5–2.5 厘米，嫩荚有柔毛，老时无毛。

‖ 药用部位

‖ 中药炮制

夏季花开放时择晴天采收或花蕾形成时采收，及时晒干。前者习称“合欢花”，后者习称“合欢米”。

中医里说——

合欢花性甘、平。归心、脾经。能解郁安神。用于心神不安，忧郁失眠。《本草拾遗》中说：“其叶至暮即合，故云合昏。”《中国药学大辞典》中记载：“小叶两列，日暮相叠如睡，及朝，又渐分离，故有合欢、夜合之名。”

‖ 传说故事

古人认为阶庭种合欢树，则可忘忿，即忘掉不顺心的事。《女红余志》载：杜羔的妻子赵氏，每逢端午取合欢花置枕中，杜羔反而乐不起来。后来，赵氏在酒中放入少许合欢花，杜羔才转而高兴一些。此后常有一些人用酒泡合欢皮饮用。

花椒

植物名 | 花椒
拉丁名 | *Zanthoxylum bungeanum* Maxim.

目 | 芸香目　　花期 | 3-5月
科 | 芸香科　　果期 | 8-9月
属 | 花椒属

生长在 |
在我国各地多有栽种，产地北起东北南部，南至五岭北坡，东南至江苏、浙江沿海地带，西南至西藏东南部。见于平原至海拔较高的山地，在青海，见于海拔2500米。耐旱，喜阳光。

仔细观察

花椒树是落叶小乔木，可长到7米高，茎干被粗壮皮刺，小枝刺基部宽扁直伸，幼枝被柔毛。

奇数羽状复叶，叶轴具窄翅，小叶5–13，对生，无柄，纸质，卵形、椭圆形，稀披针形或圆形，长2–7厘米，宽1–3.5厘米，先端尖或短尖；基部宽楔形或近圆，两侧稍不对称，具细锯齿，齿间具油腺点，上面无毛，下面基部中脉两侧具簇生毛。

聚伞状圆锥花序顶生，长2–5厘米，花序轴及花梗密被柔毛或无毛。花被片6–8，1轮，黄绿色，大小近相同；雄花具5–8雄蕊；雌花具2–4心皮。

果紫红色，果瓣径4–5毫米，散生凸起油腺点，顶端具甚短芒尖或无。

药用部位

中药炮制

秋季采收成熟果实，晒干，除去种子和杂质。照清炒法炒至有香气。

中医里说——

温中止痛，杀虫止痒。用于脘腹冷痛，呕吐泄泻，虫积腹痛；外治湿疹。《神农本草经》中记载："主邪气咳逆，温中，逐骨节皮肤死肌，寒湿痹痛，下气。"《本草纲目》中记载："椒，纯阳之物，其味辛而麻，其气温以热。入散寒，治咳嗽；入脾除湿，治风寒湿痹，水肿泻痢。"

‖ 传说故事

相传很久以前，一位美丽孝顺的女孩名叫花娇。她为了救治重病的父亲独自上山找药。在一位白胡子老爷爷的指点下，历经千难万险，从虎豹护卫的神山上找到了一种香料，将其拌入菜中，救治了父亲。由于患此病的人越来越多，而香料树又被虎豹毁了。善良的花娇修炼成仙化作了一棵香料树，患病的人从此得救了。人们把这棵树叫作花娇，后又改写成花椒。

小知识

花椒植物具有五种颜色，果红、叶青、花黄、膜白、子黑。生于南方的花椒，花期较早，约在3月中旬，故果期也较早，但果皮所含油分不如北方的多。

花椒的木材为典型的淡黄色，露于空气中颜色稍变深黄，心材与边材区别不明显，木质部结构密致，均匀，纵切面有绢质光泽，大材有美术工艺价值。

花椒树，结果多，《诗经》有“椒聊之实，蕃衍盈升”之句。花椒又是一种芳香防腐剂，据说发掘的汉墓中常有以花椒果填垫内棺的，很可能是利用它的高效防虫防腐作用，同时，也带有“蕃衍盈升”，即多子多孙的迷信思想。在河北省满城县发掘的汉代中山王刘胜墓的出土文物中，有保存良好的花椒。

互动笔记

花椒是我们烹饪中常用的香料，加了花椒的菜又香又麻，问问爸爸妈妈，记录一下哪些菜需要用到花椒的？

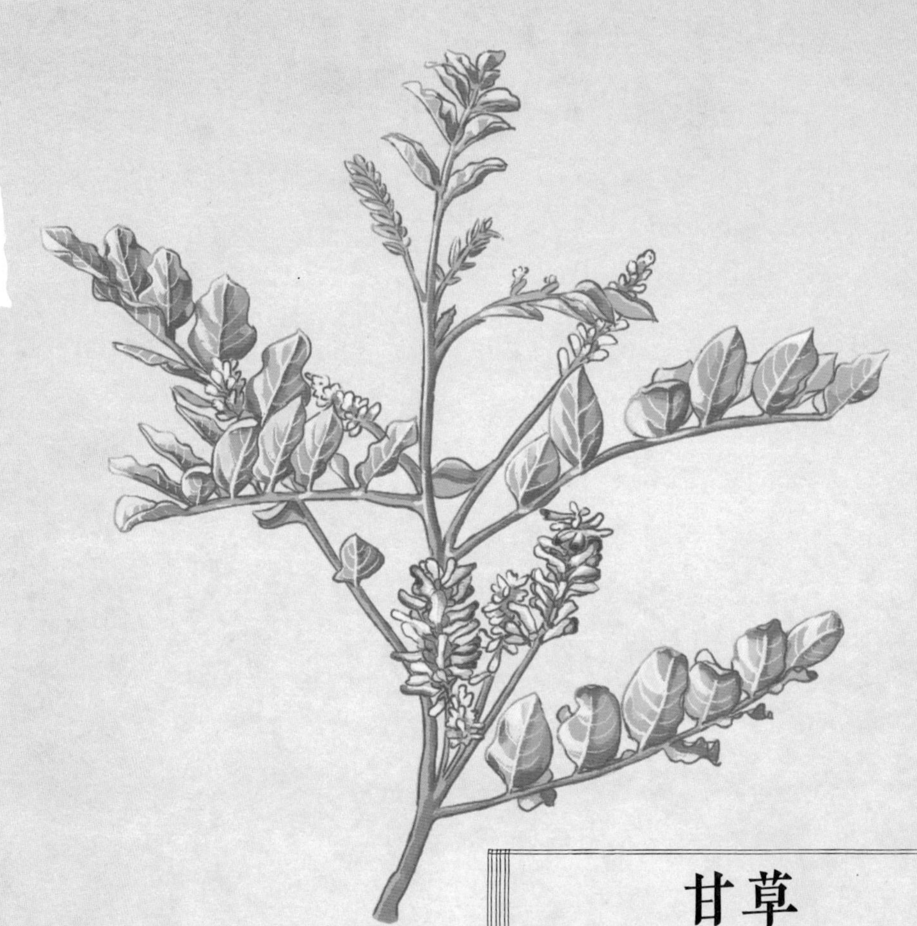

甘草

植物名 | 甘草

拉丁名 | *Glycyrrhiza uralensis* Fisch.

别名 | 国老、甜草、乌拉尔甘草、甜根子、美草、蜜甘、蜜草、黑根草

目 | 豆目　　花期 | 6-8 月

科 | 豆科　　果期 | 7-10 月

属 | 甘草属

生长在 |

分布于我国的西北、华北、东北、山东等地。药材主产于内蒙古、甘肃、新疆等地。

仔细观察

甘草是一种多年生草本植物，因其根茎甘甜而得名。甘草根茎圆柱状，主根长而粗大，根及根茎外皮呈淡黄褐色，红棕色，暗棕色或深褐色。茎直立，老茎稍带木质，嫩茎上有白色短毛和刺毛状腺体。

叶片很像槐树的叶子，叶柄顶端生一个小叶，其余小叶像羽毛状对称排列，小叶总数量为单数，5–17枚，叶片两面有腺体及短白毛。

甘草每年7–8月开花，花着生在花序轴上，长5–12厘米，花密集，花冠蝶形，蓝紫色。果实为条形荚果，呈镰刀状或环状弯曲，就像扭曲的小毛豆，大量果荚紧密排列成球形，果实外有黄褐色的刺毛状腺体。甘草主要生长在向阳干燥的沙地、盐渍化土壤、钙质草原等地。

药用部位

中药炮制

每年秋季采挖，采挖后去除芦头、茎基、枝丫须根，截成适当长短的段，晒干，打成小捆，再晒至全干。

甘草因使用要求不同，有多种中药炮制方式，主要有直接晒干切片而成的生甘草；不加辅料直接炒制焦黄的炒甘草；炒制中加入蜂蜜而成的蜜炙甘草。

中医里说——

甘草中主要含有甘草苷、甘草酸等天然活性物质，具有抗病毒、抗菌、促进肾上腺皮质激素分泌，抗溃疡，保肝，促进胰液分泌，抗炎，镇咳祛痰，解毒，抗氧化的作用。

性甘、平。补中益气，清热解毒，祛痰止咳，缓急止痛，调和诸药。主治脾胃虚弱，倦怠乏力，咳嗽痰多等症状。《神农本草经》将甘草列为上品，因味甘甜而得名，“一名美草，一名密甘”。甘草又以“国老”之名为著。《名医别录》中记载：“此草最为众药之王，经方少有不用者……国老即帝师之称，虽非君而为君所宗。”李时珍称其“调和众药有功，固有国老之号”。

‖ 传说故事

从前，有位草药郎中，住在偏远的村庄里。有一天，郎中外出给一位村民治病，家里又来了很多求医的人。郎中的妻子见丈夫未归，又忧心前来求医的病人，她就暗自琢磨：“丈夫替人看病，不就是将一把一把的草药切碎了给病人嘛，我干脆替他弄点草棍子先让这些病人服用呢？”她想起灶前烧火的地方有一大堆草棍子，她来到厨房，拿起一根咬了一口，还有点甜，就把这些小棍子切成小片包好，发给那些来看病的人，说：“这是我家老头子留下的药，你们拿回去用它煎水喝，喝完了病就会好的。”那些早就等急了的病人一听都很高兴，每人拿了一包药致谢告辞离去。过了几天，几个人拎了礼物来答谢郎中，说吃了他留下的药，病就好了。郎中感到很奇怪，问妻子给了大家什么妙药。妻子拿来一根草棍子告诉他说：“用的就是这种带甜味的干草。”再问那几个人得了什么病，他们有的说是脾胃虚弱，有的是咳嗽多痰，有的咽喉疼痛，吃了这“带甜味的干草”之后，病居然全好了。这个误打误撞拿出来的草药，就是后来大家耳熟能详的“甘草”！

小知识

中医所谓“十方九草”，那“草”指的便是甘草，甘草更有诸药之首的美誉。甘草除了作为常用的中药材之外，还应用在食品、饮料、烟草、化工、酿造和国防工业等领域。甘草酸用于啤酒生产能增加液沫、色泽、稠度和香味；甘草提取液可作为石油钻井液的稳定剂、灭火器泡沫稳定剂辅料；甘草酸钾是日系化妆品里用于消炎、镇静的重要添加成分。而且甘草在我国西北地区防风固沙上也发挥了非常重要的生态作用。

决明子

植物名 | 决明

拉丁名 | *Senna tora*（*Linnaeus*）Roxburgh

别名 | 草决明、马蹄决明、狗屎豆、马蹄子、羊角豆

目 | 豆目　　花期 | 6-8 月

科 | 豆科　　果期 | 8-11 月

属 | 决明属

生长在 |

普遍分布于我国长江以南各省区，生于山坡、旷野及河滩沙地上。

仔细观察

决明是一年生亚灌木状草本，因其明目故名决明，茎直立，粗壮。叶片在幼苗期像花生，小叶羽状对称排列，小叶数量为 3 对，每对小叶间 1 枚有棒状的腺体。决明每年 6–8 月开花，花腋生，就像长在叶子和枝条的腋窝里，通常一对聚生于叶腋，花蝶形，5 瓣，黄色。果实为细长的荚果，两端渐尖，有点像绿豆果荚，种子多数，菱形或马蹄形，光亮，灰绿色。

中药炮制

待果实成熟，荚果变黄褐色时采收，把全株割下晒干，打下种子，去净杂质。

药用部位

中医里说——

决明子中含有大黄素、大黄素甲醚、大黄酚等，以及钝叶素、决明素、黄决明素、橙黄决明素，以及它们的苷类和黄酸等，具有降血脂、降血压、保护肝脏、抗菌等作用。主治目赤肿痛，泪多，视物昏暗；有利尿，促排便的功效；外治肿毒，癣疾。《神农本草经集注》记载："叶如茳芒，子形似马蹄，呼为马蹄决明。"

‖ 传说故事

有个老秀才，年纪大了得了眼病，看东西看不清，走路拄拐杖，人们都叫他“瞎秀才”。有一天，一个南方药商从他门前路过，见大门边上有几株野草，就问老秀才卖不卖这几株草苗。老秀才反问：“你给多少钱？”药商说：“你要多少钱我就给多少钱。”老秀才心想这几株草看来挺值钱，就说：“不卖不卖，给多少钱也不卖。”药商见他不卖便离开了。过了两日，那个南方药商又来了，还是要买那几株草。这时，老秀才门前的那几株草已经长到三尺多高，茎上开满了金黄色的花。老秀才见药商又来求草，觉得这草一定很有价值，要不然他为何坚持要买。老秀才还是舍不得卖。

秋天，这几株野草结出了菱形、灰绿色有光亮的草籽。老秀才一闻草籽发现味道还挺香，觉得准是好药，就抓了一小把，每天用它泡水喝。坚持喝了一段时日，老秀才发现自己的眼病好了，走路也不拄拐杖了。又过了一个月，药商第三次来买野草。见野草不知去向，问老秀才：“野草被你卖了？”“没有。”老秀才就把泡野草籽使自己眼病治好了的事说了一遍。药商听后说：“这草籽确是良药，不然我也不会三次来买。它叫决明子，又叫草决明，能治眼病，长期服用能明目。”

以后，老秀才常饮决明子泡的茶，一直到八十多岁还眼明体健，留下小诗一首：“愚翁八十目不瞑，日数蝇头夜点星。并非生得好眼力，只缘长年饮决明。”

小知识

决明子作为种子，也具有种子类中药材的特点，即润肠通便的作用。但决明子属寒性，有泄泻和降血压的作用，不适合脾胃虚寒及低血压的人服用。决明子还可提取蓝色染料。决明在植物群落里生命力极其旺盛，常常与其他植物争夺营养，在北美洲等地区，决明被视为一种难以根除的野草。

互动笔记

决明子的名字里有“明目”的意思，你从这个名字里能编一段怎样的故事呢？试着写写看。

苍耳子

植物名 | 苍耳

拉丁名 | *Xanthium Strumarium* L.

别名 | 菜耳、粘头婆、痴头婆、羊负来、老苍子、敝子、苍浪子、青棘子、抢子、胡苍子、猪耳

目 | 桔梗目　　花期 | 7-8 月

科 | 菊科　　果期 | 9-10 月

属 | 苍耳属

生长在 |

苍耳生于平原、丘陵、低山、荒野、路边、沟旁、田边、草地、村旁等处。分布于全国各地。药材产于全国各地。

仔细观察

苍耳是一年生草本，茎直立不分枝或少有分支，上部有纵沟，被灰白色糙伏毛，下部圆柱形。

叶片似茄子叶片，三角状卵形或心形，边缘有不规则的粗锯齿，叶片正面绿色，叶背苍白色，叶脉与叶片下面有糙伏毛。

苍耳每年7–8月开花，头状花序顶生或腋生，雌雄同株，雄花序在上，球形，花冠筒状，5齿裂；雌花序在下，卵圆形，外面有钩刺和短毛。

苍耳9–10月结果，成熟后总苞片变硬，卵形或椭圆形，外面具有钩刺，通常具有2个瘦果，瘦果内含1颗种子。

‖ 药用部位

‖ 中药炮制

苍耳子：在9–10月果实成熟，由青转黄，叶已大部分枯萎脱落时，选晴天，割下全株，脱粒，获得带总苞的果实，晒干。

炒苍耳子：取净苍耳子，置炒制容器内，用中火加热，炒至表面黄褐色刺焦时取出，晾凉，碾去刺，筛净。用时捣碎。

中医里说——

苍耳子含脂肪油，种仁含苍术苷，种壳含羧基苍术苷，还含有绿原酸等天然活性物质，对多种病原菌具有抑制作用，同时还能降血糖，降血压，抗氧化的作用。

主治鼻渊，风寒头痛，风湿痹痛，风疹，湿疹，疥癣。

枸杞子

植物名 | 枸杞

拉丁名 | *Lycium chinense* Miller

别名 | 枸杞红实、甜菜子、西枸杞、红青椒、枸蹄子、枸杞果、地骨子、枸茄茄、红耳坠、枸地芽子、枸杞豆。

目 | 茄目　　花期 | 5-10月

科 | 茄科　　果期 | 5-10月

属 | 枸杞属

生长在 |

主要分布于我国宁夏、青海、甘肃、内蒙古和新疆西北五省。枸杞多在沟崖及山坡或灌溉地埂和水渠边等处生长。野生和栽培均有。

仔细观察

枸杞为多年生灌木，栽培者主干直径可达10–20厘米，枝条多分枝，枝条上有纵棱纹，灰白色或灰黄色，有不生叶的短棘刺和生叶、花的长棘刺，容易扎手，因此在宁夏中宁等枸杞老产区也常称枸杞为“茨”。

枸杞叶在当年新发枝条上互生，在老枝条上簇生，披针形或长椭圆状披针形，顶端短渐尖或急尖，基部楔形，略带肉质，叶脉不明显。

枸杞花果期较长，每年5–10月边开花边结果，花为漏斗状小花，有点像辣椒的花，颜色多为淡粉色或淡紫红色，花冠先端常5裂，在当年新发枝条上1–2朵生于叶腋，在老枝条上2–6朵同叶簇生。果实为小浆果，有点像小番茄，红色，果皮肉质，多汁液，形状及大小因品种、种植年限、生长环境而有所差异。种子常20余粒，略成肾脏形，扁压，棕黄色，长约2毫米。

药用部位

中药炮制

6–11月果实陆续红熟，要分批采收，迅速将鲜果摊在用竹子编制而成的果毡子上，厚不超过3厘米，一般以1.5厘米为宜，放阴凉处晾至皮皱，然后曝晒至果皮起硬，果肉柔软时去果柄，再晒干。

中医里说——

枸杞子主要含有枸杞多糖、枸杞色素、甜菜碱、阿托品、天仙子胺等。主治肝肾亏虚，头晕目眩，腰膝酸软，虚劳咳嗽，消渴引饮。

枸杞这个名称始见于我国两千多年前的《诗经》。明代的药物学家李时珍云："枸杞，二树名。此物棘如枸之刺，茎如杞之条，故兼名之。"枸杞全身是宝，明李时珍《本草纲目》记载："春采枸杞叶，名天精草；夏采花，名长生草；秋采子，名枸杞子；冬采根，名地骨皮"。

小知识

由于宁夏枸杞耐干旱，可生长在沙地，因此可作为水土保持的灌木，而且由于其耐盐碱，成为盐碱地开树先锋。由于枸杞是我们最常见的药食两用中药材，所以在我们的日常生活中经常能够在餐厅或厨房见到。除了宁夏枸杞之外，我们在除西北以外，野外最常见到的通常是另一种枸杞 *Lycium chinense* Mill. 叫"中华枸杞"或"北方枸杞"，但我国入药及市场上最常见的枸杞子多是宁夏枸杞。

桔梗

植物名 | 桔梗
拉丁名 | *Platycodon grandiflorus*（Jacq.）A.DC.
别名 | 铃铛花、包袱花、白药、梗草、苦梗

目 | 菊目　　花期 | 7–9月
科 | 桔梗科　　果期 | 9月
属 | 桔梗

生长在 |
在我国东北、华北、华东、华中各省等大部分地区均有分布。

仔细观察

桔梗是一种多年生草本植物，全株有乳汁。根白色，形似胡萝卜，茎直立，通常不分枝，极少上部分支。

叶片轮生，卵形、卵状椭圆形或披针形，先端急尖，叶片正面绿色，背面常有白粉。

桔梗每年7–9月开花，花单朵顶生，或数朵集成假总状花序，或有花序分枝而集成圆锥花，花冠漏斗状钟形，蓝或紫色，5裂，裂片三角形或窄三角形，有时齿状。

桔梗果实为球状倒圆锥形蒴果，长1–2.5厘米，在顶端5裂，裂片带着隔膜。种子多数，熟后黑色，一端斜截，一端急尖，侧面有1条棱。桔梗生于海拔2000米以下阳坡草丛或灌丛中，少生于林下。

药用部位

中药炮制

春、秋二季采挖，洗净，除去须根，趁鲜剥去外皮或不去外皮，干燥。主含皂苷类化合物。

中医里说——

桔梗主要含桔梗皂苷、远志皂苷等皂苷类化合物，具有祛痰镇咳、抗炎、抗溃疡、降血糖等作用。桔梗味苦辛平，归肺胃经。《本草纲目》中说："此草之根结实而梗直，故名。"

传说故事

桔梗，是名贵的中药材之一，在我国各地均有种植生长，其中以河南商城县桔梗为优。商城县桔梗首似龙头尾如凤，色白、个大、肉质坚实，取其横断面可见菊花心，而居桔梗之首，它秉性不移，异地难植，故人称“商桔梗”。

“黄菊花心”何以为商桔梗独有？这里还有一段动人的故事。

很久以前，在大别山北麓，有一个商家村，有一年，全村许多人患上肺热病，男不能耕，女不能织，老人卧床延喘，儿童蜷伏母亲怀中。一天，村里突然来了一位名叫商凤的姑娘，见此情景十分悲伤，决心为民除疾，降伏病魔。她身背药篓，踏遍青山采集草药，一天、两天、三天，姑娘带的干粮吃完了，她忍着饥饿，在悬崖上攀寻。七天过去了，却还没有找到可治肺热的草药，极度的劳累使姑娘昏倒在山上。这时，忽听有人呼唤“凤姑娘”，她循声望去，见一位仙翁自云端飘然而下。仙翁言道：“凤姑娘历尽千辛，为民寻药治病，诚心感人，老翁有些药籽，带回去撒在山上，七日后挖出来，煎汤服下，百姓可解除病魔。”商凤姑娘拜谢仙翁后，回到商家村。姑娘依言而行，七日后，姑娘挖到哪里，哪里就有药材，村民们喝了商凤姑娘熬制的汤药，个个病除身轻，身强力壮。就在这天中午，姑娘乘着一朵白云飘然而去。人们为了纪念她，把这味药材起名叫“商接根”，意思是让子孙不忘商凤姑娘保住了商家村的根。“桔梗”便是“接根”的谐音。

小知识

桔梗除了作为重要的药用植物，它还是重要的观赏植物。桔梗花蓝中带紫，紫中蕴蓝，花瓣上一条条深紫色的条纹呈放射状散开，非常漂亮，很多公园都有种植。朝鲜族有个特色咸菜“狗宝咸菜”就是用桔梗腌制而成。

柴胡

植物名 | 北柴胡
拉丁名 | *Bupleurum chinense* DC.
别名 | 竹叶柴胡、硬苗柴胡、韭叶柴胡

目 | 伞形目　　花期 | 8-9月
科 | 伞形科　　果期 | 9-10月
属 | 柴胡属

生长在 |
分布于我国东北、华北、西北、华东和华中各地。

仔细观察

柴胡是一种多年生草本，茎丛生或单生，上部多分枝。叶片相互着生，叶表面鲜绿色，背面淡绿色，常有白霜，叶似竹叶，茎基部叶倒披针形或狭椭圆形，中部及顶部叶形状相似，但更小。柴胡通常8-9月开花，复伞形花序似茴香的花，但小很多，小花鲜黄色。柴胡9-10月结果，是宽椭圆形的双悬果，很像茴香的种子，长约3毫米，宽约2毫米，棱狭翅状。柴胡主要生长在干燥的荒山坡、田野、路旁。

‖ 药用部位

‖ 中药炮制

每年春、秋二季采挖，除去茎叶及泥沙，干燥。除去杂质及残茎，洗净，润透，切厚片，干燥。

中医里说——

柴胡主要含有皂苷、芸香苷、槲皮素等，具有抗惊厥、解热镇痛、镇静、抗炎等作用。主治感冒发热，寒热往来，胸胁胀痛等。柴胡有南柴胡（狭叶柴胡）与北柴胡（柴胡）之分。

‖ 传说故事

唐代有个胡进士，家里有个长工得了瘟病，胡进士怕他传染家里的人，就让他离开。长工来到水塘边，在杂草丛里躺着，觉得又渴又饿，浑身无力，便挖了些草根吃。一连吃了七天，周围的草根吃完了，慢慢试着站起身，忽然觉得身上有了劲。从此，这长工的病再没犯过。

过了些日子，胡进士的儿子也得了同样的瘟病。他请了许多医生，都治不好。胡进士忽然想起了这个长工，把他找来一问，便急忙命人挖那片水塘边的草根，洗净煎汤，给儿子一连喝了几天，病就好了。胡进士很高兴，想给那种药草起个名字，那东西原来是当柴烧的，自己又姓胡，于是就叫它“柴胡”。

小知识

小柴胡颗粒大家应该并不陌生，感冒的时候经常吃这个药，小柴胡颗粒来源于《伤寒论》中记载的小柴胡汤，属经方名方，用于外感病（类似于感冒），邪气侵犯“少阳经”。主治症状如下：一会儿怕冷一会儿发热，怕冷发热交替发作；胸胁处胀闷不舒服；食欲不振，不想吃饭；心烦，想呕又呕不出东西；口干口苦。

互动笔记

找找家里有没有写着柴胡的药呢？看看药盒，记录一下药的成分。注意，药可不能随便乱吃哦！

党参

植物名 | 党参

拉丁名 | *Codonopsis pilosula*（Franch.）Nannf.

别名 | 上党人参、黄参、防党参、狮头参

目 | 菊目

科 | 桔梗科

属 | 党参属

花期和果期 | 7-10 月开花结果

生长在 |

全国各地广泛分布。多生长在山地灌木丛中及林缘。药材根据产地分东党、潞党。

仔细观察

党参是多年生草本，全株有乳汁，茎基具多数瘤状茎痕，根长圆柱形，外皮乳黄色至淡灰棕色，有纵横皱纹。茎缠绕，长而多分支。

叶在主茎及侧枝上互生，在小枝上近对生，卵形或窄卵形，叶片正面绿色，背面灰绿色。

党参每年 7–10 月开花结果，花单生枝端、与叶柄互生或近对生，花萼绿色，5 裂，花冠宽钟状，淡黄绿色，内面有明显紫斑，浅裂，裂片三角形。

党参果实为蒴果，下部半球状，上部短圆锥状。种子卵圆形。

‖ 药用部位

‖ 中药炮制

移栽后第 2 或第 3 年 9–10 月，将根挖出，晒 4–6 小时，然后用绳捆起，揉搓使其充实，反复 3–4 次，扎成小捆，贮藏或进一步深加工。

中医里说——

党参具有增强机体应激能力，增强机体免疫功能，延缓衰老，抗溃疡等作用。主治脾肺虚弱，气短心悸。党参之名最初在《本草从新》中有记载："参须上党者假，今真党参久已难得，肆中所市党参，种类甚多，皆不堪用，唯防党性味和平足贵，根有狮子盘头者真，硬纹者伪也。"

黄芩

植物名 | 黄芩

拉丁名 | *Scutellaria baicalensis* Georgi

别名 | 黄文、经芩、子芩、宿芩、条芩、土金茶根、山茶根

目 | 唇形目

科 | 唇形科

属 | 黄芩属

花期和果期 | 7-9 月开花结果

生长在 |

黄芩主要生在海拔 60-2000 米的向阳干燥山坡、荒地上，常见于路边。分布于我国东北、内蒙古、河北、山西、陕西、甘肃、山东、河南等地。

仔细观察

黄芩是一种多年生草本植物，根茎肉质，因富含大量黄酮类物质而呈黄色。茎四棱形，具有细条纹。叶片交互对生，几乎无叶柄，叶片披针形或线状披针形，先端钝，基部圆，叶片背面有黑色下陷的腺点。黄芩每年6–9月开花，总状花序在茎及枝条上顶生，通常偏于一侧，花二唇形，紫色或蓝紫色，上唇盔甲状，先端微缺，下唇宽。果实为小坚果，卵球形，黑褐色，有瘤。

‖ 药用部位

‖ 中药炮制

黄芩一般栽培2–3年收获，秋后茎叶枯黄时挖取，去掉根部的茎叶，晒至半干，撞去外皮，晒干或烘干。

中医里说——

黄芩具有抗菌，抗炎，对心脑具有保护作用。功效清热燥湿，泻火解毒，止血，可安胎。《神农本草经》记载："其性苦、寒。"

‖ 传说故事

有一段“黄芩巧救李时珍”的故事。《本草纲目》中李时珍花了较大篇幅描述黄芩，并提到在他 20 岁时用黄芩成功治疗了自己严重的肺部感染：“余年二十时，因感冒咳嗽既久，遂病骨蒸发热，肤如火燎，每日吐痰碗许，暑月烦渴，寝食几废。”在服用了一些常规的清热消炎药物以后，并无缓解，后来发展到“月余益剧，皆以为必死矣”。后来，李时珍的父亲李言闻受“金元四大家”之一李东垣治疗肺病使用黄芩的启发，给他服用一味黄芩汤。不久后李时珍便感觉“身热尽退，而痰嗽皆愈”，并感叹道：“药中肯綮，如鼓应桴，医中之妙，有如是哉。”据分析，李时珍所患可能是大叶性肺炎、肺脓疡之类，属中医肺热实火之证。因黄芩苦寒，以泻实火除肺热见长，从而挽救了这位大药物学家。

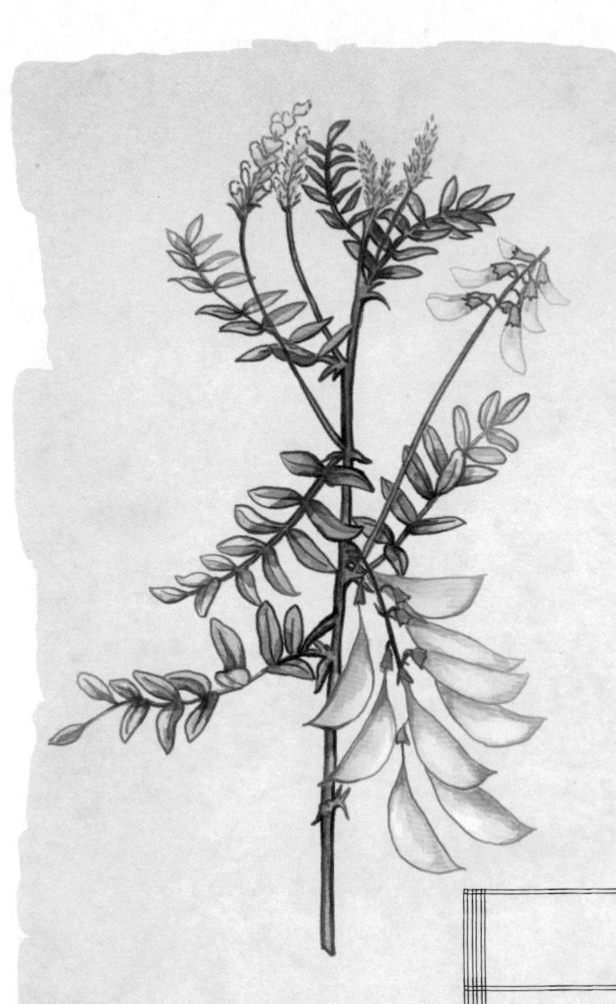

黄芪

植物名 | 蒙古黄芪

拉丁名 | *Astragalus membranaceus* var. *mongholicus* (Bunge) P.K.Hsiao

别名 | 黄耆、戴糁、独椹、王孙、百药绵、绵黄耆、绵芪、独根

目 | 豆目　　花期 | 6-7月

科 | 豆科　　果期 | 8-9月

属 | 黄芪属

生长在 |

分布于我国山西、内蒙古、甘肃、新疆、陕西等地。黄芪生长于山坡，沟旁或疏林下。

仔细观察

黄芪是一种多年生草本，根圆柱形，表面淡棕黄色至深棕色，嚼一嚼会有浓烈的豆腥味。茎直立，上部有分支，茎上有柔毛。叶片互生，与甘草相似，叶柄顶端生一小叶，其余小叶像羽毛状对称排列，小叶总数为单数，即奇数羽状复叶，叶片两面有白色柔毛，叶柄基部有披针形托叶。黄芪每年6-7月开花，总状花序着生在茎与叶片连接处，即叶腋处，小花着生在花序轴上，淡黄色花很像槐花。果实为条形荚果，像膨胀的豌豆。

药用部位

中药炮制

春夏二季采挖。除去须根及根头，晒干；或斜切厚片，干燥。

中医里说——

黄芪具有增强机体免疫、延缓衰老、抗氧化、抗病毒等作用。黄芪为补气要药，主治气虚乏力，中气下陷等。黄芪入药始载于《神农本草经》，古写作“黄耆”。李时珍在《本草纲目》中是这样来解释它的名字：“耆，长也，黄耆色黄，为补药之长，故名。”

‖ 传说故事

相传古时有一位很善良的老中医，名字叫戴糁，善针灸术，待人谦和，为人厚道，乐于救助他人。一天老中医上山采药，路过一处悬崖，只听有妇人在悬崖边哭喊求救，原来妇人的孩子被一棵小树勾住，倒挂悬崖上。由于刚下过雨，泥土比较松软，挂住孩子的小树随时有掉下去的可能。老人放下药篓，下到悬崖上慢慢靠近孩子被困的地方。老人一边安慰孩子不要害怕，一边靠近他。老人光着脚扎在泥土里，一步一步绕到孩子的下方，先托起身子，再慢慢送到妇人手中。就在孩子成功脱险的一刻，老人脚底一空，坠下了悬崖。人们在悬崖下找到老人的遗体，将其安葬在悬崖边上。就在老人下葬的那天，墓旁生长出一株新的药草。没人认识这株药草，由于老中医生前体形瘦削，面色淡黄，人们称他为“黄耆”以示尊敬，意为面黄肌瘦的老者，故将这株药草命名为“黄芪”。

杜仲

植物名 | 杜仲
拉丁名 | *Eucommia ulmoides* Oliver
别名 | 思仙、思仲、木棉、扯丝皮、丝连皮、胶木

目 | 丝缨花目　　花期 | 4-5 月
科 | 杜仲科　　果期 | 9-10 月
属 | 杜仲属

生长在 |
杜仲对土壤要求并不严格，在海拔300-500 米的低山、谷地或低坡的疏林里均可生长，主要分布于陕西、甘肃、河南、湖北、四川、云南、贵州、湖南及浙江等省区，现各地广泛栽种。

仔细观察

杜仲是一种多年生落叶乔木，高可达20米。最典型的特征就是折断树皮拉开有多数细丝。树皮灰褐色，粗糙，幼枝有黄褐色毛，老枝有皮孔。叶片椭圆形、长卵形或圆形，薄革质，单个叶片互生于枝条上，叶片撕开也有细丝。杜仲每年4月开花，花为单性花，雌雄异株，雄花簇生，无花被；雌蕊于小枝下部单生，子房1室，先端2裂，子房柄极短，柱头先端反折。果实为扁平的翅果，长椭圆形，周围具有薄翅；坚果位于中央，与果梗相接处有关节。

‖ 药用部位

‖ 中药炮制

对栽培10–20年的杜仲树，使用半环剥法剥取树皮，将剥下的树皮用开水烫泡，然后展平，把树皮内面相对叠平、压紧，四周上、下用稻草包住，使其发汗。经一周的时间，内皮略成紫褐色，取出，晒干，刮去粗皮，修切整齐，贮藏。

中医里说——

杜仲树皮具有降血压、提高免疫、利尿等功效。主治腰膝酸痛，尿频，胎动不安等。李时珍《本草纲目》记载杜仲树得名的来由："昔有杜仲，服此得道，故名。"此说法是指古人杜仲服用药材杜仲得道成仙，因此将树取名为杜仲。

传说故事

“杜仲”名称的由来流传着很多故事。

有一位名为杜仲的人，发现喝了某种树的树皮煎出来的汤汁之后，身体变得十分轻盈，而且病痛消除，体力也恢复了，于是就将这种树称为杜仲树。

古时候，有位叫杜仲的大夫，一天他进山采药，偶尔看见一棵树的树皮里有像“筋”一样的多条白丝，如人之“筋骨”。他想，人若吃了这“筋骨”，会像树一样筋骨强健吗？于是，杜仲下决心尝试。几天后，不仅无不良反应，反而自觉精神抖擞，腰、腿也轻松了，他又服用一段时间后，不仅身轻体健，头发乌黑，而且得道成了仙人。人们知道了这件事之后，便把这植物叫“思仙”“思仲”，后来就干脆将它唤作“杜仲”。

小知识

杜仲是我国特有的树种，早在200万年前，冰川侵袭陆地时，欧美很多杜仲植物相继灭绝，只有我国中部地形复杂，把冰川气候阻挡住了，最后杜仲得以存活，我国也成为世界上唯一的杜仲产地，杜仲也因此成为第四纪冰川时代的孑遗植物，现已作为稀有植物被列入《中国植物红皮书—稀有濒危植物》第一册。

杜仲不仅是重要的中药材，还是重要的制取橡胶的工业原料树种。杜仲树皮分泌的硬橡胶可作为工业原料及绝缘材料，抗酸、碱及化学试剂腐蚀的性能高，可制造耐酸、碱容器及管道的衬里。杜仲也因此被称为“中国橡胶树”，不过和橡胶树并没有任何亲缘关系。除此之外，杜仲也是一种优良木材，可作为建筑材料，也可制作家具。

互动笔记

杜仲听起来像个人名，你有没有联想到什么好玩的故事呢？试着写写看。

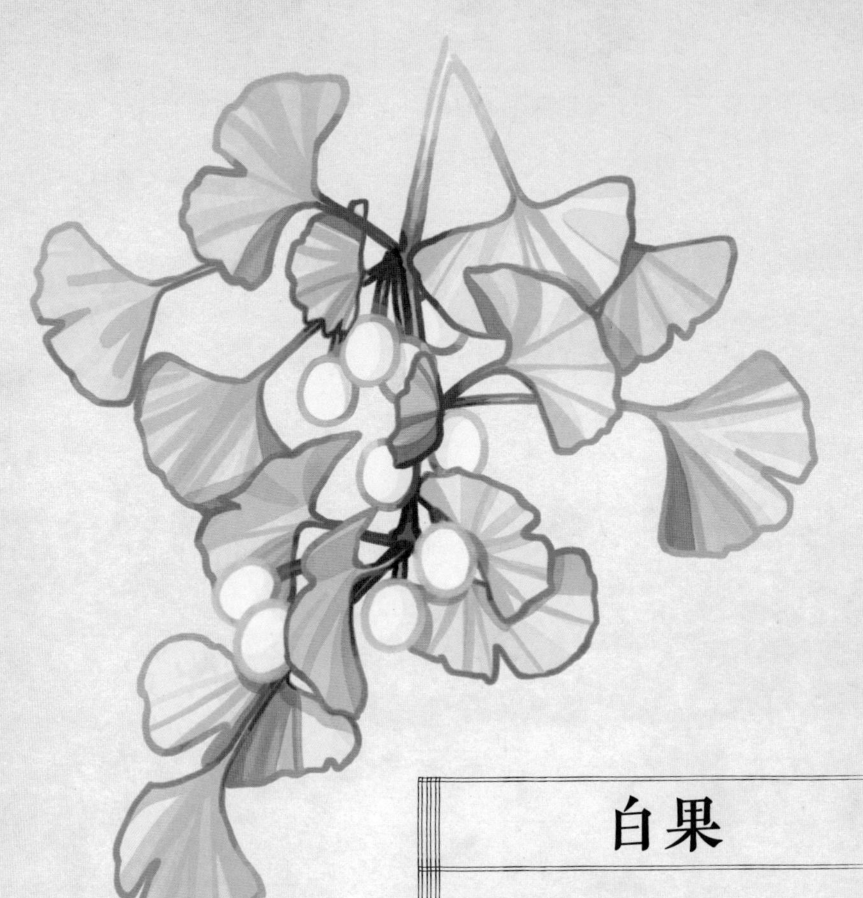

白果

植物名 | 银杏

拉丁名 | *Ginkgo biloba* L.

别名 | 公孙树，鸭脚子，鸭掌树，白果树

目 | 银杏目　　花期 | 4-5 月

科 | 银杏科　　果期 | 9-10 月

属 | 银杏属

生长在 |

银杏主要生于海拔 500-1000 米的酸性土壤、排水良好地带的天然林中，各地均有栽培。分布全国大部分地区。

仔细观察

银杏为落叶乔木，高可达40米，胸径可达4米。树皮粗糙，灰褐色，深纵裂。叶片像一把小扇子，有长柄，淡绿色，在长枝条上呈螺旋状互生，在短枝条上为螺旋状簇生状。银杏3–4月开花，花单性，雌雄异株，雄花呈下垂的短柔荑花序，4–6个生于短枝上的叶腋内；雌花每2–3个聚生于短枝上，每花有一长柄，柄端两叉。成熟种子卵圆形成近球形，外种皮肉质，成熟时黄色；中种皮骨质，白色；内种皮膜质，淡红褐色。

‖ 药用部位

‖ 中药炮制

秋季种子成熟时采收，除去肉质外种皮，洗净，稍蒸或略煮后，烘干。

中医里说——

白果具有敛肺定喘等作用，过量服用可致中毒。《本草纲目》记载："熟食，小苦微甘，性温，有小毒，多食令人胪胀。"

‖ 传说故事

早年间有一位姑娘姓白，从小死了爹娘，12 岁就给财主放羊，受尽了人间苦难。有一天，她在山坡上拾到了一枚奇异的果核，宝贝似的把玩了几天舍不得扔掉。最后白姑娘把它种在了常去放羊的一个山坳里。经过几年照料，这颗种子生根发芽，很快长成了一棵大树，每年秋天都会结满黄澄澄的小果子。一天，白姑娘赶着羊群来到了这棵树下，突然接连咳嗽几十声，一口痰涌上来咽不下去，顿时昏迷过去。这时，只见从大树上飘下来一位仙女。手里拿着几颗从树上摘下的果子，她取出果核，搓成碎末，一点一点喂进白姑娘口中。片刻之后，白姑娘睁开眼睛，咽喉中的痰下去了。仙女朝她笑了一下，就飞上大树不见了。惊异的白姑娘赶紧从地上爬起来，从树上摘下许多果子，带到村里，就这样，这棵树结的果子，被白姑娘送给那些咳喘的病人，治好了全村的病人。一传十，十传百，传来传去，人们把“白姑娘送的果子”叫“白果”，那结满白果的大树就叫“白果树”了。从此“白果树叶降血压，白果树果核治咳喘”连同白姑娘的故事就被流传了下来。

小知识

银杏除种子作为药材外，银杏的叶也是一味非常重要的药材，用于治疗冠状动脉硬化性心脏病，舒缓心绞痛，降低胆固醇及血压。此外，银杏还是中国特有的孑遗树种，是速生珍贵的用材树种，是优良木材，供建筑、家具、室内装饰等用。银杏也因树形优美，春夏季叶色嫩绿，秋季变成黄色，颇为美观，常作庭园树及行道树。

互动笔记

白果长在银杏树上，我们经常能在道路两旁看见银杏树，秋天的时候银杏叶子变得金黄，十分漂亮，记得拍一拍你身边的银杏树，把照片放在这里吧！

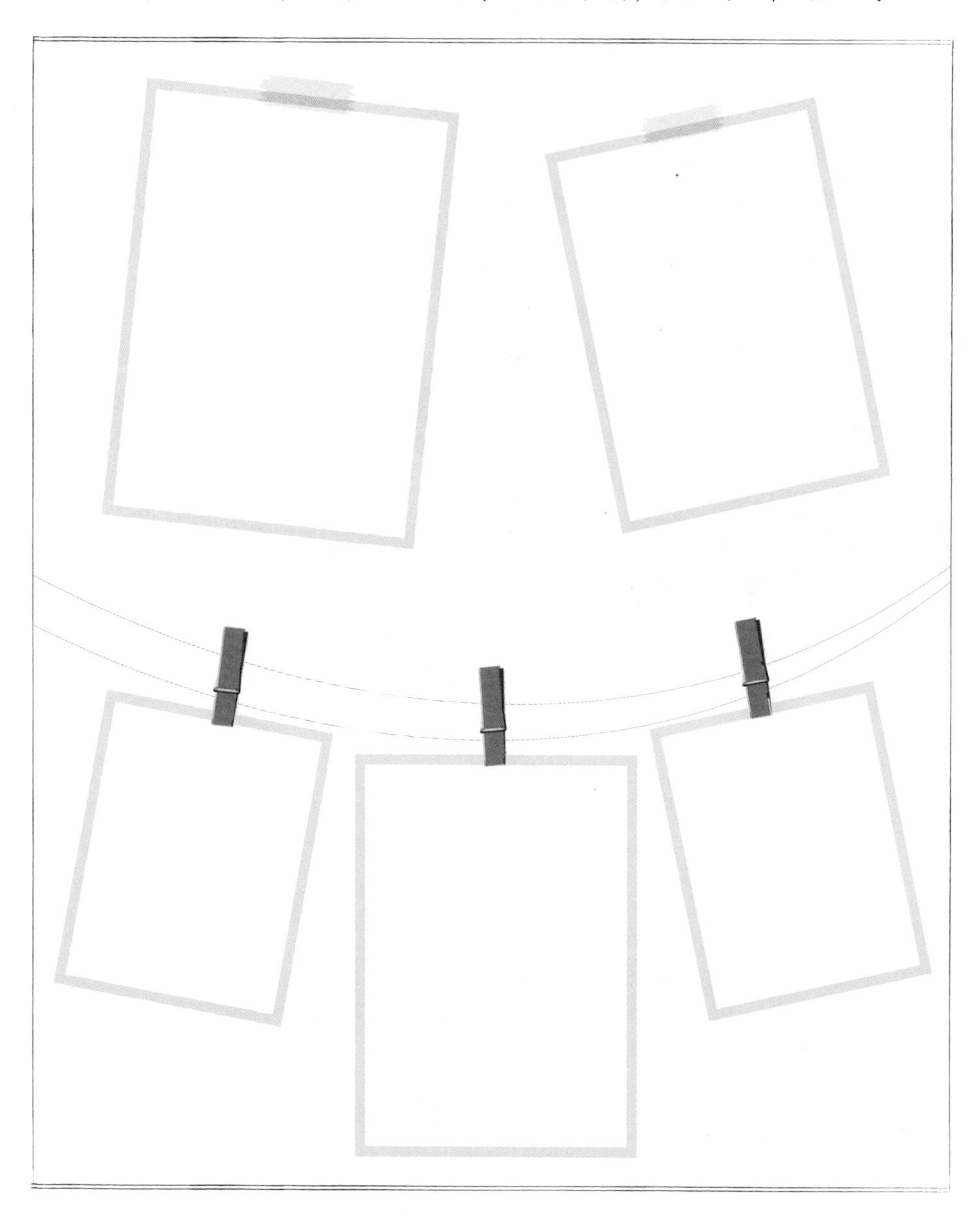

丁香

植物名 | 丁香蒲桃
拉丁名 | *Syzygium aromaticum* (L.) Merr. & L.M.Perry
别名 | 钉子香、丁子香、公丁香、雄丁香

目 | 桃金娘目　　花期 | 1-2 月
科 | 桃金娘科　　果期 | 6-7 月
属 | 蒲桃属

生长在 |
在世界各地热带地区均有栽培，我国广东、海南也产。

仔细观察

多年生常绿乔木，高度大约12米。树皮灰白色而光滑。叶片成对生长，卵状长椭圆形至披针形，先端尖锐，基部狭呈楔形，边缘光滑无锯齿，侧脉多而呈现平行状，具多数透明小油点。花从顶端生出，3朵一组，集成聚伞形圆锥花序；花萼筒状，顶端4裂，裂片呈三角形，肉质肥厚，有油腺。花蕾初起白色；后转为绿色，当长到1.5-2厘米时转为红色。雄蕊多数；子房下位，柱头细小。浆果红色或深紫色，卵圆形，内有种子1粒，呈椭圆形。

‖ 药用部位

‖ 中药炮制

当花蕾由绿转红时采摘，晒干。

中医里说——

丁香味辛，性温，归脾、胃、肺、肾经，具有温中降逆，止泻利胆，补肾助阳的功效。丁香与郁金为十九畏，共食会产生毒性，不可同用。《名医别录》记载："风水毒肿，霍乱心痛，去恶气。"《本草纲目》记载："治虚哕，小儿吐泻，痘疮胃虚灰白不发。"

‖ 传说故事

相传唐代武则天掌朝时，著名诗人宋之问曾是她的文学侍从。宋之问自认为仪表堂堂，诗文又好，应该受武则天宠爱，可他一直备受冷落，内心极为不平。于是便写了一首诗献给武后，诗云："明河可望不可亲，愿得乘槎一问津。更将织女支机石，还访成都卖卜人。"期待得到武后的重视。然而武后看后一笑了之，事后武则天当着近臣的面说："宋卿哪方面都好，就是不知道自己有口臭的毛病。"宋闻知羞愧无比。从此，自己就口含鸡舌香以解其臭。鸡舌香便是丁香，古代大臣上殿奏事，会含着丁香来保持口齿清新，被称为"古人的口香糖"。

小知识

丁香的干燥花蕾又称公丁香；丁香的成熟果实被称为母丁香，其剖开如鸡舌，又名鸡舌香。母丁香功效与公丁香相似，但气味较淡，功力较逊。丁香含有的挥发油主成分为丁香油酚、丁香烯等。

互动笔记

药用的丁香和观赏用的丁香可不是同一种植物哦！我们经常见到的是观赏用的丁香花，如果你见到了，记得拍几张照片贴在这里做对比吧。

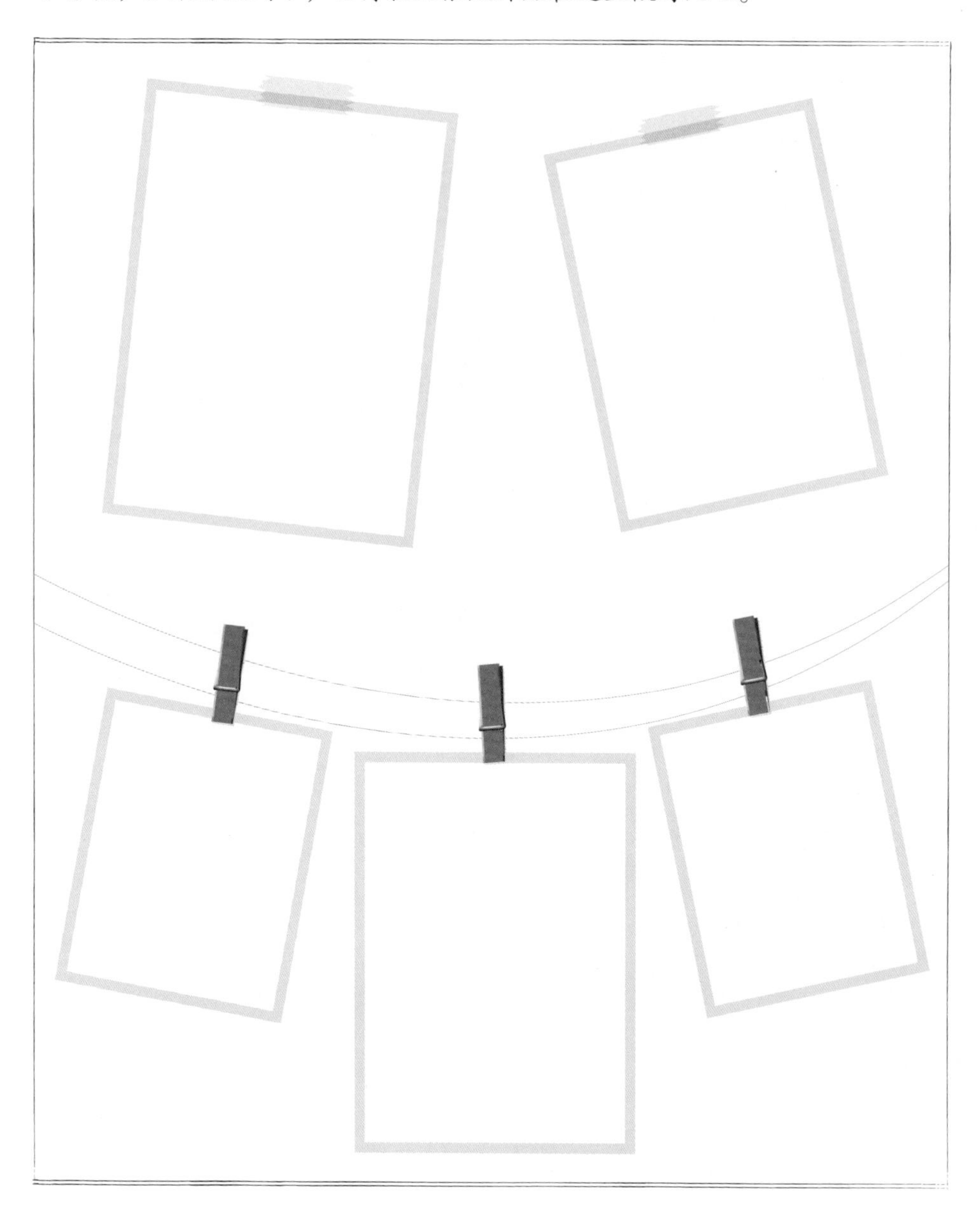

人参

植物名 | 人参

拉丁名 | *Panax ginseng* C. A. Meyer

目 | 伞形目　　花期 | 6-7 月

科 | 五加科　　果期 | 7-9 月

属 | 人参属

生长在 |

主要生长在黑龙江、吉林、辽宁及河北北部的深山中，生长于茂密的丛林中。在辽宁和吉林有大量的栽培。

仔细观察

人参为多年生草本，一般株高60厘米。主根肥大肉质，常分歧。茎直立，叶轮生于茎端，数目依生长年限不同。小叶卵形或倒卵形，复叶基部小叶较小，边缘具细锯齿，上面沿叶脉有直立刚毛。总花梗由茎端基部抽出，顶生伞形花序，有多数淡黄绿色的小花。通常在第四年开始开花，浆果状核果，成熟时鲜红色。

‖ 药用部位

‖ 中药炮制

多于秋季采挖，洗净晒干或烘干。

中医里说——

人参味甘微苦，性微温，归脾肺心经，具有大补元气、复脉固脱、补脾益肺、生津养血、安神益智的功效。人参反藜芦，不可与藜芦同食。据《神农本草经》记载："主补五脏，安精神、定魂魄，止惊悸，除邪气，明目，开心益智，久服轻身延年。"《名医别录》记载："疗肠胃中冷，心腹鼓痛，胸胁逆满，霍乱吐逆，调中，止消渴，通血脉，破坚积，令人不忘。"

小知识

人参被誉为"百草之王""众药之首"。人参品种中有一种是西洋参，西洋参是国外引种，在我国的栽培历史约200年，西洋参是一种补气养阴的名贵中药材，与人参性味稍有不同。西洋参味甘、苦味较弱，人参味甘、苦味较浓；就药性而言，西洋参性凉，人参性温；就功效而言，人参补气，偏于助阳，西洋参补气，偏于养阴。栽培品俗称园参，播种与山林业设功能状态下自然生长的称"林下山参"，习称"籽海"。

互动笔记

人参的传说故事还有许许多多，你能编写一段关于人参的神奇故事写在这里吗？

三七

植物名 | 三七

拉丁名 | *Panax notoginseng* (Burkill) F. H. Chen ex C. H.

目 | 伞形目　　花期 | 6-8 月

科 | 五加科　　果期 | 8-10 月

属 | 人参属

生长在 |

云南文山州栽培历史悠久、产量大、质量好，习称“文三七”“田七”。

仔细观察

多年生草本。根茎短，根粗壮肉质，倒圆锥形或短圆柱形，有数条支根，外皮黄绿色至棕黄色。茎直立，绿色或带紫色细纵条纹。掌状复叶，3-4枚轮生于茎端，表面无毛。小叶3-7枚，椭圆形至长圆状倒卵形，中央数片较大；具小叶柄，叶片表面沿脉有细刺毛。总花梗从茎端基部抽出，伞形花序单独顶生。花多数，多两性，有时单性花和两性花共存；小花梗细短，基部具有鳞片状苞片；核果浆果状，熟时红色。

‖ 药用部位

‖ 中药炮制

夏末、秋初开花前，或冬季种子成熟后采收。选生长三年以上的三七，挖取根部，去泥土，剪除细根及茎基，晒至半干，反复搓揉，然后晒干。再置容器内，加入蜡块，反复振荡，使表面光亮呈棕黑色。

中医里说——

三七性温，味甘微苦，归肝、胃经。具有活血、止血、定痛，散瘀消肿的功效。《本草纲目》记载："止血散血定痛，金刃箭伤、跌扑杖疮、血出不止者，嚼烂涂，或为末掺之，其血即止。"

小知识

人们常以“头数”代表三七的品质，“头数”实际上指一斤（500克）三七的个数。对应20头、30头、40头，三七种植行业是这样规定的，20头表示一斤三七由20–25个组成；30头就是30–35个组成；40头就是40–45个组成。可以看出，20头的三七组成一斤的个数明显要少，说明它个头大，这样的三七生长的年份长，药效高。所以三七头数少的，药效就要高。

大枣

植物名 | 枣

拉丁名 | *Ziziphus jujuba* Mill.

目 | 蔷薇目　　花期 | 5–7月

科 | 鼠李科　　果期 | 8–9月

属 | 枣属

生长在 |

主产于河北、河南、山东、四川、贵州等地。

仔细观察

为落叶灌木或小乔木，高度可达10米。枝平滑无毛，具成对的针刺，直伸或钩曲状。叶片互生，卵圆形至卵状披针形，少有卵形，长2–6厘米；先端短尖而钝，基部歪斜，边缘具细锯齿；主脉自基部发出，侧脉明显。花小形，成短聚伞花序，丛生于叶腋，黄绿色；核果卵形至长圆形，成熟时为深红色，果肉味甜。大枣属于温带阳性树种，喜光，好干燥气候，分布于全国大部分区域。

‖ 药用部位

‖ 中药炮制

本品为鼠李科植物枣的成熟果实。秋季果实成熟时采收。拣净杂质，晒干。或烘至皮软，再行晒干。或先用水煮一滚，使果肉柔软而皮未皱缩时即捞起，晒干。

中医里说——

大枣具有丰富的营养元素，尚含有维生素C、核黄素、硫胺素、胡萝卜素、烟酸等多种维生素。大枣味甘、性温、无毒，归脾、胃经。具有补脾和胃，益气生津的功效。《神农本草经》记载："主心腹邪气，安中养脾，助十二经。平胃气，通九窍，补少气、少津液，身中不足，大惊，四肢重，和百药。"

小知识

我国疆域辽阔，大枣的种类繁多，达300多个品种。其中灵宝大枣具有极高的营养及药用价值；新疆和田地区产的和田玉枣营养价值也极高；产自河北赞皇县的金丝大枣历史上曾多次供奉朝廷，被誉为"贡枣"。

山药

植物名 | 薯蓣

拉丁名 | *Dioscorea polystachya* Turczaninow

别名 | 怀山药、土薯、山薯、白山药、玉延

目 | 薯蓣目　　花期 | 6-9月

科 | 薯蓣科　　果期 | 7-11月

属 | 薯蓣属

生长在 |

在中国分布于河南、安徽淮河以南。一般以河南博爱，沁阳、武陟、温县等地（古怀庆所属）所产质量最佳，习称怀山药。

仔细观察

薯蓣为我们常吃的山药，学名叫薯蓣。多年生缠绕草质藤本。块茎肉质肥厚，略呈圆柱形；长可达1米，直径2~7厘米；块茎外表皮灰褐色，生有须根。茎细长，蔓性，通常带紫色，有棱，光滑无毛。

叶对生或3叶轮生，叶腋间会生出珠芽（名零余子）；叶片形状较多变，一般情况下它是心脏的形状，也有的看起来是剪刀形掌状；叶脉7~9条从基部发出；叶柄细长，长1.5~3.5厘米。

花单性，属于雌雄异株植物；花极小，黄绿色，成穗状花序；雄花序直立，2至数个聚生于叶腋，花轴多数成曲折状；花被6片，雄蕊6个；苞片广卵形，先端长渐尖。

果实为蒴果，有3翅，种子扁卵圆形。

药用部位

中药炮制

本品为薯蓣科植物薯蓣的块茎。11~12月采挖，切去根头，洗净泥土，用竹刀刮去外皮，晒干或烘干，即为毛山药。

选择粗大的毛山药，用清水浸匀，再加微热，并用棉被盖好，保持湿润闷透，然后放在木板上搓揉成圆柱状，将两头切齐，晒干打光，即为光山药。

中医里说——

山药含有多酚氧化酶、淀粉酶等物质，有利于脾胃消化吸收功能，是一味平补脾胃的药食两用之品。山药含有黏液质、皂苷，有滋润、润滑的作用，故可养肺阴，益肺气，治疗肺虚痰嗽久咳之症；山药中含有多种营养素，故有健脾补肺，滋肾益精，强健机体的作用。山药味甘性平，入肺、脾、肾经。李时珍在《本草纲目》中评价它是“健脾补益，治诸百病，滋精孤肾，疗五劳七伤”的佳品，常吃可以益肾气，健脾胃。

‖ 传说故事

很久以前，有两个国家发生了战争。强国军队几连战胜了弱国军队，占领了弱国的许多土地。在一次追击中，强国军队将弱国军队追击到了一座大山里，由于山势陡峭，易守难攻，他们几次进攻都未取胜。于是，强国军队便将这座山团团包围，坐等敌军投降。可近一个月时间过去，弱国军队仍没有投降动静。强国军队以为弱国军队士兵已在山中饿死，渐渐也放松了警惕。一天晚上，强国军队正在酣睡，突然，从山中冲出一支兵强马壮的军队，径直杀向强国军队大营。原来这支队伍正是被困在山中的弱国军队，结果弱国军队大获全胜，把失去的领土全部夺了回来。

弱国军队在山中被困将近一个月，内无粮草，外无救兵，怎么不但没有饿死，反而更加健壮呢？原来，山中四处都长着一种草，这种草夏天开白色或淡绿色的花，地下的根茎呈圆柱状或棒状。士兵们在山中以它充饥，将近一个月时间，弱国军队在山中休整了濒于溃散的军队。正是趁强国军队不备的这个黑夜杀下山去，大获全胜。

后来弱国军队的士兵们就给它起了一个名字，叫作“山遇”，意思就是说刚好在山里正缺粮的时候遇到了它。后来，“山遇”就逐渐被人们食用了。人们慢慢发现，它不仅能像粮食一样饱肚子，而且还有药用功效，吃了它可以强健脾胃，于是就将“山遇”改名为山药了。

小知识

山药的藤、叶腋间的珠芽（零余子）均可作药用。山药藤具有清利湿热、凉血解毒的作用，煎汤熏洗或捣敷皮肤表面，可治疗皮肤湿疹、丹毒。零余子具有补虚益肾强腰的功效，可治疗虚劳羸瘦、腰膝酸软。

山楂

植物名 | 山楂

拉丁名 | *Crataegus pinnatifida* Bge.

别名 | 山里果、山里红、酸里红、山里红果、酸枣、红果、红果子、山林果

目 | 蔷薇目　　花期 | 5-6 月

科 | 蔷薇科　　果期 | 9-10 月

属 | 山楂属

生长在 |

我国华北及山东、江苏、安徽、河南等地均有栽培。

仔细观察

山楂属于落叶乔木，树皮粗糙，暗灰色或灰褐色，是中国特有的药果兼用树种。

它的叶片交互生长，形状类似宽卵形或三角状卵形，有 2-4 对羽状深裂片。

花是白色，花瓣倒卵形或近圆形，伞房花序具多花，上面着生的小花花柄不等长，下部的花花柄长，上部的花花柄短，最终各花基本排列在一个平面上。

果实深红色，像一个小红球，上面有浅色斑点。果实里面有小核 3-5 个。

‖ 药用部位

‖ 中药炮制

秋季果实成熟时采收，拣净杂质，筛去核。

因使用要求不同，有多种中药炮制流程，主要是取拣干净的山楂，置锅内炒至不同程度，然后喷淋清水，取出，晒干。

中医里说——

山楂味酸甘，性微温，入脾、胃、肝经，现代中医学研究表明山楂中含有熊果酸、黄酮类、皂苷、有机酸类等多种活性成分，具有消食化积、行气散瘀、降血脂、降血压、改善心肌缺血、降低胆固醇酯等功效。《本草纲目》中记载："化饮食，消肉积，痰饮痞满吞酸、滞血痛胀。化血块气块，活血。"

‖ 传说故事

相传南宋绍熙年间，宋光宗最宠爱的皇贵妃生了怪病，突然变得面黄肌瘦，不思饮食。御医用了许多贵重药品，都不见效。眼见贵妃一日日病重起来，皇帝无奈，只好张榜招医。一位江湖郎中揭榜进宫，他在为贵妃诊脉后说："只要将'棠球子'（即山楂）与红糖煎熬，每次饭前吃五到十枚，半月后病准会好。"贵妃按此方服用后，果然如期病愈了。

于是皇上龙颜大悦，命如法炮制。后来，这酸脆香甜的山楂传到民间，老百姓又把它串起来卖，就成了冰糖葫芦。

小知识

山楂是蔷薇科植物山楂树的果实。山楂帮助消化的养生之功一直被推崇，《本草新编》中说"消食理滞，是其所长"，尤其善于帮助消化肉类食物。

将晒干的山楂，倒入锅中，中火炒制，为了让每一个山楂均匀受热，需要不断翻炒，等到山楂外表焦黑，内部焦黄时起锅收药。炒焦后的山楂，用于消化肉食，搭配同样经过炒制的焦神曲、焦麦芽消化面食，三味药材合力作用，成为医家手中消食健胃的良方，并被形象地称为"焦三仙"。

但是，山楂虽好吃又有保健作用，可不能贪多，山楂味甚酸，对于胃酸过多者、脾胃虚弱者、孕妇儿童等要少食或禁食山楂。

互动笔记

用山楂制成的甜品、糕点、糖果实在是太多了，记录一下都有哪些呢？

川芎

植物名 | 川芎（xiōng）
拉丁名 | *Ligusticum sinense 'chuanxiong'*
别名 | 山鞠穷、香果、雀脑芎、京芎、贯芎、生川军

目 | 伞形目　　花期 | 7–8月
科 | 伞形科　　果期 | 9–10月
属 | 藁（gǎo）本属

生长在 |
分布在四川、贵州、云南一带，多为栽培。

仔细观察

川芎是多年生草本植物，高40−60厘米，全株有浓烈的香气。它的茎是直立，圆柱形，中空。茎下部的叶具有叶柄，叶片轮廓卵状三角形。复伞形花序顶生或侧生，花瓣是白色的，倒卵形至心形，先端有短尖状突起，内曲。幼果两侧扁压。

‖ 药用部位

‖ 中药炮制

除去杂质，分开大小，略泡，洗净，润透，切薄片，干燥。

中医里说——

川芎味辛，性温，入肝、胆经。现代中医学研究表明，川芎对中枢神经系统、对心血管系统等都具有明显作用。川芎挥发油少量时对动物大脑的活动具有抑制作用，而对延脑呼吸中枢、血管运动中枢及脊髓反射中枢具有兴奋作用。川芎中主要成分川芎嗪具有抗血小板凝聚；生物碱，阿魏酸及川芎内酯都有解痉作用。《神农本草经》记载“川芎，味辛，温。主治中风入脑头痛，寒痹筋挛缓急。”《本草纲目》中描述“川芎，血中气药也。肝苦急，以辛补之，故血虚者宜之。辛以散之，故气郁者宜之。”

‖ 传说故事

唐朝初年，药王孙思邈带着徒弟云游到了四川的青城山，披荆斩棘采集药材。一天，师徒二人累了，便在混元顶的青松林内歇脚。忽见林中山洞边有一只大雌鹤，正带着几只小鹤嬉戏。药王正看得出神，猛然听见几只小鹤惊叫，只见那只大雌鹤头颈低垂，双脚颤抖，不断地哀鸣。药王当即明白，这只雌鹤患了急病。

第二天清晨，天刚亮，药王师徒又来到青松林。在离鹤巢不远的地方，巢内病鹤的呻吟声依旧清晰可辨。又隔了一天，药王师徒再次来到青松林，但鹤巢里已听不到病鹤的呻吟了。抬头仰望，几只白鹤在空中翱翔，嘴里掉下一朵小白花，还有几片叶子，很像红萝卜的叶子。药王让徒弟捡起来保存好。

几天过去了，雌鹤的身子竟已完全康复，率领小鹤们嬉戏如常了。药王观察到，白鹤爱去混元顶峭壁的古洞，那儿长着一片绿茵，花、叶都与往日白鹤嘴里掉下来的一样。药王本能地联想到，雌鹤的病愈与这种植物有关。经过尝试，他发现这种植物有活血通经、祛风止痛的作用，便让徒弟携此药下山，用它去为病人对症治病，果然灵验。药王兴奋地随口吟道："青城天下幽，川西第一洞。仙鹤过往处，良药降苍穹。这药就叫川芎吧！""川芎"由此而得名。

互动笔记

川芎的小花瓣小小的、白白的，你还见过哪些花的花瓣是小小的呢？试着记录下来。

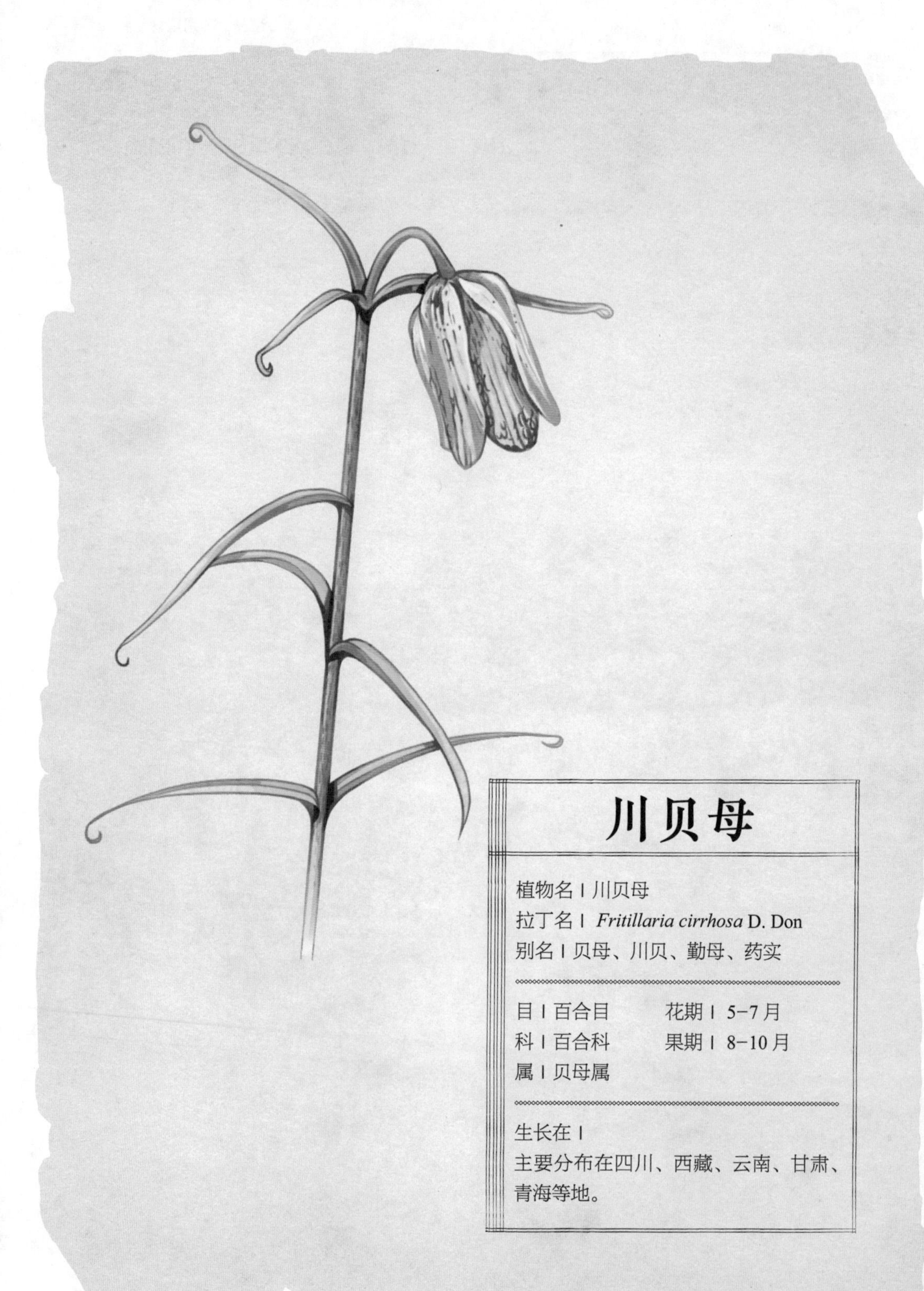
川贝母
植物名 | 川贝母
拉丁名 | *Fritillaria cirrhosa* D. Don
别名 | 贝母、川贝、勤母、药实
目 | 百合目
科 | 百合科
属 | 贝母属
花期 | 5-7月
果期 | 8-10月
生长在 |
主要分布在四川、西藏、云南、甘肃、青海等地。

仔细观察

川贝母是多年生草本植物，植株可达50厘米。它的鳞茎像是圆锥形或者近球形，直径有5-12厘米。茎直立，绿色或微带褐紫色，有细小灰色的斑点。叶片着生在茎上部1/3或1/5的部分，通常在下端叶片成对生长，叶片条形至条状披针形，先端卷曲像猫的胡须一样。花通常只有一朵，有紫色或者黄绿色，每朵花有叶状的苞片，苞片狭长，花药在基部着生。

‖ 药用部位

‖ 中药炮制

拣去杂质，用水稍泡，捞出，闷润，剥去心，晒干。

中医里说——

川贝母味甘、苦；性微寒。归肺、心经。川贝母一直为清热润肺、止咳化痰之要药，众多学者对其不同的提取部位和单体成分进行了现代药理研究，发现其中的总生物碱有镇咳、祛痰、平喘的作用。此外，研究还发现川贝母中的多种生物碱类还具有抗溃疡、抗菌、抗炎等作用。“贝母”始载于《神农本草经》，列入中品。陶弘景曰：“形如聚贝子，故名贝母。”《本草纲目拾遗》将川贝与浙贝明确分开，谓：“川贝味甘而补，内伤久咳以川贝为宜。”

小知识

川贝母是川贝母、暗紫贝母、甘肃贝母、梭砂贝母的干燥鳞茎所制成的中药的统称。前三种按性状不同分别习称为“松贝”“青贝”和“栽培品”，梭砂贝母习称“炉贝”。川贝母多产于中国四川、西藏、青海、甘肃等地。松贝的最大形态特征就是“怀中抱月”，这一药材是类圆锥形或者是类似球形，外层有鳞叶2瓣，大小不一，大瓣紧抱小瓣，未抱部分呈新月形，所以被称为“怀中抱月”。

马齿苋

植物名 | 马齿苋

拉丁名 | *Portulaca oleracea* L.

别名 | 马苋、五行草、长命菜、五方草、瓜子菜、麻绳菜、马齿菜、蚂蚱菜

目 | 石竹目　　花期 | 5-8月

科 | 马齿苋科　　果期 | 6-9月

属 | 马齿苋属

生长在 |

分布于全国各省区。

仔细观察

马齿苋是马齿苋科一年生草本植物，茎下部匍匐贴在地上，分枝特别多，上部能够稍微直立或斜向上生长。

马齿苋虽然名字里带着“苋”字，但其实是不折不扣的多肉植物。至于为什么叫马齿“苋”，是因为它的叶片扁平，肥厚，似马齿状，“而性滑利似苋”（出自《本草纲目》）。马齿苋全株绿色或淡紫色，光滑没有绒毛。它的叶片肥厚，先端圆，叶柄特别短，像汤匙的形状，又类似马的牙齿。

它的花特别小，是有 5 个花瓣的黄色小花，呈现倒心形。蒴果圆锥形，从腰部横裂开像一个帽子的形状，里面有很多个黑色扁圆形细小的种子。

马齿苋多生长在路旁、田间、园圃等向阳处。

药用部位

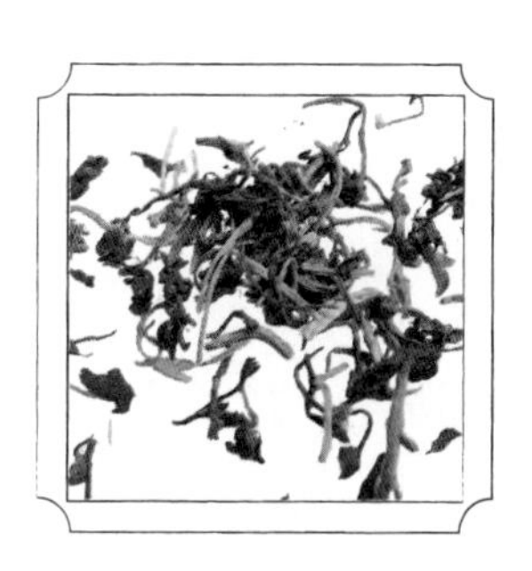

中药炮制

每年夏秋时节采收马齿苋，全株除去泥沙，洗净后切断晒干。也可以将新鲜的马齿苋捣烂敷于患处。

中医里说——

马齿苋味酸、性寒，入大肠、肝、脾经。含有丰富的二羟乙胺、苹果酸、葡萄糖、钙、磷、铁及多种维生素。它能抑制人体对胆固酸的吸收，降低血液胆固醇浓度，改善血管壁弹性，对防治心血管疾病很有利。此外，马齿苋还具有清热解毒、止血凉血、止痢等作用。马齿苋最早出自《本草经集注》：“马齿苋，又名五行草，以其叶青，梗赤，花黄，根白，子黑也。”《本草纲目》记载马齿苋：“散血消肿，利肠滑胎，解毒通淋，治产后虚汗。”

‖ 传说故事

相传古代，有一年的夏秋之际，北方农村，久旱无雨，赤日炎炎，灾情严重，田间禾苗都枯焦而死。且痢疾流行，老、弱、病、残者相继死去。皇上、地方官吏，对农村的灾荒、人民的疾苦，视若无睹，漠不关心，百姓的生死存亡，只有听天由命。少数年壮力强者，勉强支撑，外出寻觅树皮野草充饥。说也奇怪，他们惊喜地发现，田埂路边有一种野草还茂盛地长着。观其全草，光滑无毛，肉质肥厚，心想这草一定可以充饥，于是他们把这种草连根拔出，采集了一大堆，带回家给全家充饥。吃完后，再去寻觅。吃了几天后，大家居然觉得精神顿起。特别怪的是，所患的“拉肚子病”痢疾，也逐渐好了。这个好消息不胫而走，村里的人们都去田野寻觅这种野草。之后，村民就称该草叫“长命菜”“长命苋”，也有的称它“长寿菜”，“马齿苋”的异名被一一记载在《本草纲目》《中国药植志》《中国药植图鉴》等典籍中。近代编写的大型巨著《中药大辞典》也记载了“马齿苋”的这些异名。

小知识

马齿苋又称“长命菜”，那是因为将“马齿苋”连根拔出后置于烈日下曝晒，多日后仍存活不衰，再入地栽种，仍能存活。马齿苋夏秋季节花开成熟，民间大量采集、洗净、贮存，如果要四季常食，则必须将马齿苋全草放锅内，经沸水烫过，然后日光下曝晒多日，才能晒得干燥，贮存备用。可见马齿苋的生命力确实坚强无比，不愧有“长命菜”“长命苋”“长寿草”的美名。由于它生命力旺盛，分布甚广，所以也非常适合拿来食用。这种多肉的吃法有很多，最常见、最简单的方法就是凉拌。新鲜的马齿苋采回来，折去老茎，浸泡半小时，洗净；沸水里焯熟，冷水里洗两次，再沥干；和准备好的蒜泥、老抽、白糖、食盐、香油、麻酱、芝麻一起搅拌均匀，装盘，开吃！

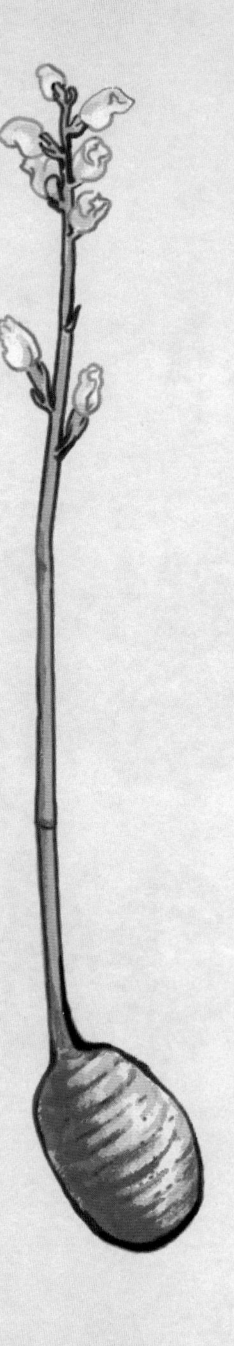

天麻

植物名 | 天麻

拉丁名 | *Gastrodia elata* Bl.

别名 | 赤箭、木浦、明天麻、定风草根、白龙皮

目 | 天门冬目　　花期 | 6-7 月

科 | 兰科　　　　果期 | 7-8 月

属 | 天麻属

生长在 |

分布于吉林、辽宁、河北、陕西、甘肃、安徽、河南、湖北、四川、贵州、云南、西藏等地。现多人工栽培。

仔细观察

天麻是多年生寄生草本，高 60-100 厘米。全株不含叶绿素。块茎肥厚，肉质长圆形，表面黄白色至黄棕色，晒干后的药材表面有长条状的皱纹以及不太明显的环节。茎是圆柱形，黄赤色。叶呈鳞片状，膜质。总状花序顶生，花是黄赤色，花梗比较短。天麻多生长在林下阴湿、腐殖质较厚的地方。

‖ 药用部位

‖ 中药炮制

立冬后至次年清明前采挖天麻的块茎，洗净后分开大小，用水浸泡至七成透，捞出，切片，晒干。此外，还有炒天麻与煨天麻，将天麻片炒至不同火候。

中医里说——

天麻有镇静、抗惊厥、降血压、增强细胞和体液免疫功能等作用。天麻自古以来就被列为药中上品，可用于治疗头晕目眩、肢体麻木。《本草纲目》称："久服天麻轻身健步。"《本草衍义》记载："天麻，用根，须别药相佐使，然后见其功，仍须加而用之，人或蜜渍为果，或蒸煮食，用天麻者，深思之则得矣。"

小知识

天麻虽是高等植物，但在它身上看不到绿色的叶，也看不到根，只有茎和在茎上长着的一些鳞片。那么没有根和绿叶，天麻怎么生存呢？原来，天麻能不同寻常地生存下来靠的是一种神奇的真菌——"蜜环菌"。

蜜环菌是一种兼性寄生真菌，可以分解利用活树、草根或枯死树根、树干。所以天麻—蜜环菌—草木三者缺一不可，构成了一个自然食物链。当蜜环菌的菌索侵入天麻的块茎后，天麻先“诱敌深入”，待蜜环菌散发菌丝妄图侵入块茎皮层深处细胞时，天麻反而利用特殊的酶系，分解蜜环菌的菌丝，将其转化为自身生长所需的营养。当天麻处于相对衰弱生长期时，蜜环菌就会分解吸收天麻的营养供自己生长，形成“反蚀”。在天麻的一生中，蜜环菌是必不可少的角色，它们彼此成就，完成了一次互利共生的合作。

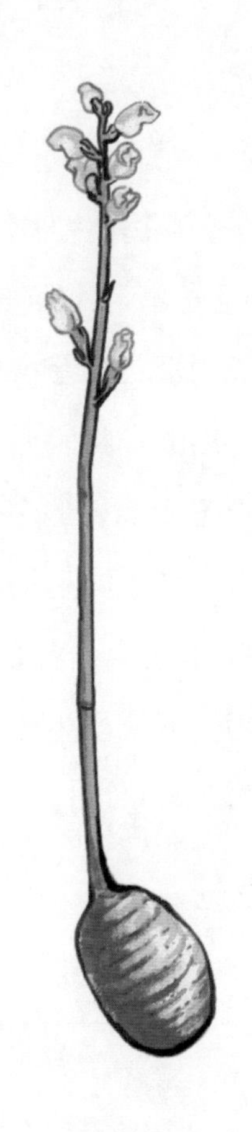

互动笔记

天麻煲汤十分美味，问问爸爸妈妈有哪些汤是加了天麻的呢？

车前草

植物名 | 车前

拉丁名 | *Plantago asiatica* L.

别名 | 车前、虾蟆衣、牛遗、车轮菜、车轱辘草、猪耳草、牛耳朵草

目 | 唇形目　　花期 | 4-8月

科 | 车前科　　果期 | 6-9月

属 | 车前属

生长在 |

除西北外，遍布全国。生于草地、沟边、河岸湿地、田边、路旁或村边空旷处。

仔细观察

车前为二年生或多年生草本。根茎短，稍粗。叶基生呈莲座状，平卧、斜展或直立；叶片薄纸质或纸质，宽卵形至宽椭圆形，先端钝圆至急尖，边缘波状，间有不明显钝齿，主脉五条，向叶背凸起，成肋状伸入叶柄，叶两面疏生短柔毛。株身中央抽生穗状花序，花小，花冠不显著。结椭圆形蒴果，顶端宿存花柱，熟时盖裂，撒出种子。

药用部位

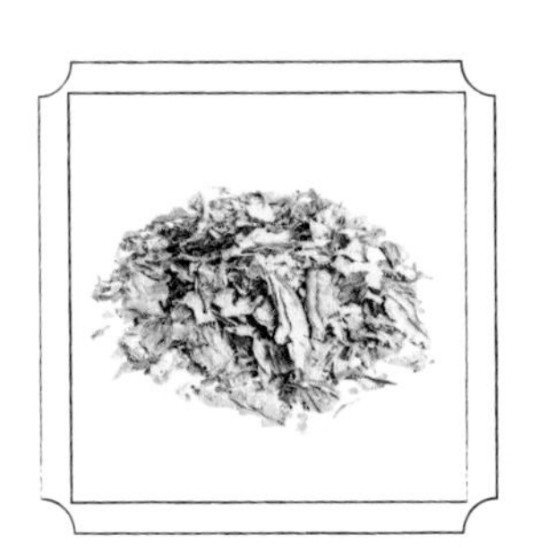

中药炮制

夏季采挖，除去泥沙，晒干。

中医里说——

车前草清热利尿通淋，渗湿止泻，明目，祛痰。《本草经集注》记载此草“人家及路边甚多”。《救荒本草》中记载：“车轮菜，叶丛中心撺葶三四茎，作长穗如鼠尾。花甚密，青色，微赤。结实如葶苈子，赤黑色，生道旁，采嫩苗叶，煠熟，水浸去涎沫，淘净，油盐调食。”

‖ 传说故事

相传在上古时代的尧舜时期，赣江一带的雨水很多，河流多因泥沙淤阻，年年发生水灾，老百姓的田地常常被淹没、房屋被冲倒，致使无家可归。

舜帝知情后，要禹派助手伯益前往赣江一带治水。他们采用疏导法，疏通赣江，工程进展很快，不到一年就修到了吉安一带。

谁承想，当年夏天，因久旱无雨，天气炎热，干活的人们头昏发烧，小便灼热、尿频，病倒的人不计其数，大大影响了工程进展。舜知道后，派禹带医师前往工地诊治。结果医师也是没有良方医治，试了很多法子仍无济于事，急得禹和伯益在帐篷前来回踱步，坐立不安。

过了一天，一位老大爷捧了一把草要见禹，禹命老大爷入帐，问其何事，老大爷说："我是喂马的马夫，这些天，在我的马群中有一些马，撒的尿清澈明亮，饮食很好；而有一些马匹却不吃不喝，撒的尿又黄又少。我仔细观察了观察，原来啊，那些吃得好的马经常吃长在马车前面的这种草。我就扯了这种草喂那些生病的马，结果第二天那些病马全好了。我又试着用这种草熬成水给一些生病的人喝，结果他们的病也好了。"禹听后十分高兴，于是命令手下都去扯这种草来治病，患病的士兵喝了这种草熬成的水后，不到两天就痊愈了。因为最早这种草是在马车前面发现的，所以就将这种草药命名为"车前草"。

小知识

车前草为车前科植物车前或平车前的干燥或新鲜全草。除了药用价值之外，车前草还能够做汤、做菜、做馅料、做蒸菜等。

互动笔记

车前草的名字还真是奇特，像是停在汽车前的一种草。展开联想，编写一段关于车前草的故事吧。

牛蒡子

植物名 | 牛蒡
拉丁名 | *Arctium lappa* L.
别名 | 大力子、恶实

目 | 桔梗目　　花期 | 6-7月
科 | 菊科　　果期 | 8-10月
属 | 牛蒡属

生长在 |
全国各地普遍分布。生于山坡、山谷、林缘、林中、灌木丛中、河边潮湿地、村庄路旁或荒地。

仔细观察

牛蒡是二年生草本，具粗大的肉质直根。茎直立，高达2米，粗壮，基部直径达2厘米，通常带紫红或淡紫红色。基生叶大，丛生，有长柄；茎生叶交互而生，叶片长卵形或广卵形，先端钝，具刺尖，基部常为心形。头状花序在茎枝顶端簇生或排成伞房状。总苞球形，苞片多数；花小紫红色，均为管状花，花药黄色；瘦果倒长卵形或偏斜倒长卵形。

药用部位

中药炮制

秋季果实成熟时采收果序，晒干，打下果实，除去杂质，再晒干。

中医里说——

牛蒡子疏散风热，宣肺透疹，解毒利咽。《本草纲目》中记载："恶实，其实状恶而多刺钩，故名。其根叶皆可食，人呼为牛菜。术人隐之，呼为大力也。"

传说故事

传说有一个姓旁的老农，一家五口，有几亩田地和一头老黄牛。可是家中老母一直抱恙在身，有糖尿病三多一少的症状，即多尿、多饮、多食、体重减少。

有一天，旁老农耕地累了在一棵树下睡着了，醒来时发现自己的老黄牛在路旁吃草，他连忙赶着牛进田里继续耕地。赶着赶着，旁老农发现老牛拉起犁来速度比先前快多了。

第二天，旁老农又去耕地，歇息时老牛又到路旁吃草，老农对昨日老牛吃过草后拉犁的牛劲大增深感好奇，他想看看老牛吃的是什么仙草。旁老农来到路边一看，只见那草的叶子又大又厚，像大象耳朵。旁老农看老牛吃得起劲，他就随手拔出一株，谁知这草的根还挺长，足有三尺多，外形有点像山药，掰开后里面是白色的。老汉试着咬了一口，尝着带点土腥味，但是口感还不错。他不知不觉竟把这草的根吃完了，吃完也没有不舒服的，反而觉得自己比刚才更精神了。

旁老农越想越觉得神奇，于是，他又拔了些带回了家。古时候没有什么粮食，经常是地里有能吃的就都带回家作为食物。旁老农回到家，让家人把这些草根洗干净了，切成段，再放几块萝卜一起煮，全家当菜汤喝了。

就这样连续喝了七八天，神奇的事情发生了，旁老农的老母亲，视力开始好转，原本的三多一少症状也有所缓解，甚至还能在家干点活了。家中其他人的身体状况也有所改观，小儿子原本神色土黄、嘴唇发白，现在变得红璞娇嫩、活泼可爱。家里人都问旁老农这种草叫什么名字，老农也不知道，想着就自己起个名字吧，于是说：“这草啊，是咱家的老牛吃过之后我才发现它的，老牛吃过后拉犁有劲；咱家姓旁，咱们吃过之后，身体也都变好了。咱们就在旁字上面加个草字头，就叫它‘牛蒡’吧！”于是，牛蒡就这样逐渐被大家认识并食用了。

小知识

牛蒡子为菊科植物牛蒡的干燥成熟果实。长倒卵形，略扁。表面灰褐色，带紫黑色斑点，有数条纵棱，通常中间1–2条较明显。牛蒡子顶端钝圆，稍宽，顶面有圆环，中间具点状花柱残迹。果皮较硬，子叶2，淡黄白色，富油性。气微，味苦后微辛而稍麻舌。

互动笔记

牛蒡的身上长着一些尖刺，你还知道哪些植物身上长着尖刺吗？试着写一写，或者画一画。

月季

植物名 | 月季花

拉丁名 | *Rosa chinensis* Jacq.

别名 | 四季花、月月红、月月花、胜春

目 | 蔷薇目　　花期 | 4−9 月

科 | 蔷薇科　　果期 | 6−11 月

属 | 蔷薇属

生长在 |

原产中国，各地均有栽培，园艺品种众多。

仔细观察

月季花为直立灌木，高 1-2 米；小枝上有短粗的钩状皮刺。小叶 3-5，小叶片宽卵形至卵状长圆形，先端长渐尖或渐尖，基部近圆形或宽楔形，边缘有锐锯齿，两面近无毛，上面暗绿色，常带光泽，下面颜色较浅，顶生小叶片有柄，侧生小叶片近无柄；托叶大部贴生于叶柄，仅顶端分离部分成耳状。花几朵集生，萼片卵形；花瓣重瓣至半重瓣，有红色、粉红色或白色。果卵球形或梨形，红色，萼片脱落。

‖ 药用部位

‖ 中药炮制

全年均可采收，花微开时采摘，阴干或低温干燥。

中医里说——

活血调经，疏肝解郁。

‖ 传说故事

传说很久以前，神农山下有一大户人家，家中只有母女二人，女儿名叫玉兰，年方二八，温柔娴静。附近的许多公子前来求亲，可是都被回绝了。因为玉兰是出了名的孝女，她的母亲终年咳嗽、咯血，多次请大夫开方用药，全无疗效。这天，玉兰与母亲商定，要张榜求医："治好吾母病者，小女以身相许。"

过了许久一直无人揭榜，直到有一天，有一位叫长春的青年揭榜献方。玉兰的母亲服用了长春拿出的药后，果然康复。玉兰不负约定，与长春结为百年之好。洞房花烛之夜，玉兰询问长春，是什么神方如此灵验。长春回答说："月季月季，清咳良剂。此乃祖传秘方：将冰糖与月季花合炖，清咳止血，专治妇人病。"玉兰点点头，也将药方记在心里。

小知识

月季花是蔷薇科植物月季的干燥花。类球形，直径1.5–2.5厘米。花托长圆形，萼片5，暗绿色，先端尾尖；花瓣长圆形呈覆瓦状排列，有的散落，紫红色或淡紫红色。体轻，质脆。气清香，味淡、微苦。月季不仅有较高的观赏价值，而且对许多有毒气体具有吸附作用，是保护环境、美化环境的优良花卉。墨红月季的鲜花可提取浸膏，用于化妆品生产。

水仙

植物名 | 水仙

拉丁名 | *Narcissus tazetta* subsp. *chinensis* （M.Roem.）Masamura & Yanagih.

别名 | 凌波仙子、金盏银台、洛神香妃、玉玲珑、金银台、天蒜

目 | 百合目　　　花期 | 春季

科 | 石蒜科

属 | 水仙属

生长在 |

原产亚洲东部的海滨温暖地区；中国浙江、福建沿海岛屿自生，但各省区所见者全系栽培，供观赏。

仔细观察

水仙为多年生草本植物，先从鳞茎顶端的绿白色筒状鞘中抽出花茎（俗称箭）再由叶片中抽出。一般每个鳞茎可抽花茎1–2枝，多者可达8–11枝，伞状花序。花瓣一般为6片，花瓣末处呈鹅黄色。花蕊外面有一个如碗一般的保护罩。鳞茎卵状至广卵状球形，外被棕褐色皮膜。叶狭长带状，蒴果室背开裂。

药用部位

中药炮制

水仙以鳞茎入药，春秋采集，洗去泥沙，开水烫后，切片晒干或鲜用。

中医里说——

水仙鳞茎多液汁，有毒，含有石蒜碱、多花水仙碱等多种生物碱；外科用作镇痛剂；鳞茎捣烂可敷治痈肿。唐代杜甫的《桃竹杖引赠章留后》诗云："斩根削皮如紫玉，江妃水仙惜不得。梓潼使君开一束，满堂宾客皆叹息。"

‖ 传说故事

在我国的传说中，水仙是上古时期帝尧的女儿娥皇、女英的化身。她们二人同嫁给舜，姐姐为后，妹妹为妃，三人感情甚好。后来舜帝巡视南方，在苍梧突然病故，娥皇与女英千里寻夫，双双殉情于湘江。上天怜悯二人的至情至爱，便将二人的魂魄化为江边水仙，她们也成为了水仙花神。

传说崇明水仙来自福建，女皇武则天要百花同时开放于她的御花园，天上司花神不敢违旨，福建的水仙花六姐妹自然也不例外，被迫西上长安。唯独最小的妹妹不愿独为女皇一人开花，于是当她们行至长江出海口时，小妹见江心有块净土，于是就悄悄留在了那里，那座岛也就是现在的崇明岛。所以，福建水仙往往五朵花一株开，而崇明水仙则是一朵独放。

小知识

水仙以鳞茎入药，具有清热解毒，散结消肿等疗效。可用于腮腺炎、痈疖疔毒初起红肿热痛等症。但水仙全草有毒，鳞茎毒性较大。误食后有呕吐、腹痛、脉搏频微、出冷汗等，严重者发生痉挛、麻痹，甚至丧命。水仙花花香清郁，鲜花芳香油含量达0.20%–0.45%，经提炼可调制香精、香料；可配制香水，香皂及高级化妆品。水仙香精是香型配调中不可缺少的原料。水仙花清香隽永，采用水仙鲜花窨茶，制成水仙花茶、水仙乌龙茶等，茶气隽香、味甘醇。中国水仙花独具天然丽质，芬芳清新，素洁幽雅，超凡脱俗。因此，人们自古以来就将其与兰花、菊花、菖蒲并列为花中“四雅”；又将其与梅花、茶花、迎春花并列为雪中“四友”。它只要一碟清水、几粒卵石，置于案头、窗台，就能在万花凋零的寒冬腊月展翠吐芳，春意盎然，祥瑞温馨。人们用它庆贺新年，作“岁朝清供”的年花。

互动笔记

水仙花像一位仙子在水中亭亭玉立，你也试着画一画水仙花的样子吧。

板蓝根

植物名 | 菘蓝
拉丁名 | *Isatis tinctoria* Linnaeus
别名 | 靛青根、蓝靛根、大青根

目 | 十字花目　　花期 | 4-6 月
科 | 十字花科　　果期 | 5-7 月
属 | 菘蓝属

生长在 |
原产我国，全国都有栽培，主要分布于东北、华北、西北。

仔细观察

十字花科菘蓝属草本植物，二年生，高30-120厘米；茎直立，茎及基生叶背面带紫红色，上部多分枝，植株被白色柔毛（尤以幼苗为多），稍带白粉霜。

基生叶莲座状，长椭圆形至长圆状倒披针形，长5-11厘米，宽2-3厘米，灰绿色，顶端钝圆，边缘有浅齿，具柄；茎生叶长6-13厘米，宽2-3厘米，基部耳状多变化，锐尖或钝，半抱茎，叶全缘或有不明显锯齿，叶缘及背面中脉具柔毛。

萼片近长圆形，长1-1.5毫米；花瓣黄色，宽楔形至宽倒披针形，长3.5-4毫米，顶端平截，基部渐狭，具爪。

短角果宽楔形，长1-1.5厘米，宽3-4毫米，顶端平截，基部楔形，无毛，果梗细长。种子长圆形，长3-4毫米，淡褐色。

药用部位

中药炮制

秋季采挖根，除去泥沙，晒干。洗净，润透，切厚片，干燥。

中医里说——

板蓝根苦、寒。归心、胃经。清热解毒，凉血利咽。用于瘟疫时，发热咽痛，温毒发斑，大头瘟疫，丹毒，痈肿等。

传说故事

话说有这么一天，东海龙王和南海龙王从天宫返回龙宫，路上看见人间尸首遍野，又惊又疑。一打听，原来是瘟疫流行造成的。两位龙王着急了，连忙商量对策。

宅心仁厚的南海青金龙主动请命，发誓除掉瘟疫，不成功便不回龙宫。东海龙王的小龙孙紫银龙得知消息，蹦蹦跳跳来到老龙王面前，硬要龙王爷爷答应他随青金龙叔叔到人间去消除瘟疫。东海龙王正愁无人可用，便一口答应了。

于是，青金龙和紫银龙辞别二位龙王，扮作郎中模样，来到人间。两叔侄先到药王菩萨那里取了对付这种瘟疫的药种子，到了人间后，遍地播撒，又教人们细心照顾药苗。

不久之后，药苗发育茁壮，长得像湖边芦苇一样茂盛。两叔侄教人们用这种药苗的根煎水给患者服用。这种神药果然有奇效，患者们一个个康复，都对叔侄二人感恩戴德。

可是神药来到凡间，缺少仙气，没法一代代繁殖下去，一株株药草眼看越用越少。叔侄二人愁上心头，药王菩萨那里的药种子也是会用尽的，如果不能让药草在人间生长，以后如果再有瘟疫，可就谁也救不了了。叔侄俩商议了一番，做出了一个决定。

转眼到了这年的八月十五。晚上，叔侄俩来到海边，双膝跪地，叩谢南海龙王和东海龙王的养育之恩。然后趁着月圆之时，两人携手跳入海边的神药丛里，用尽仙气，化为了两株特别茁壮的药苗。

从此，这草药便能一直在人间生长繁殖。人们知道这药苗是龙子龙孙两叔侄变的，便把它叫作“龙根”。后来传来传去，名字又变成了“板蓝根”。不过时至今日，仍然有一些地方称板蓝根为龙根。

小知识

菘蓝的根、叶都可供药用，都具有清热解毒、凉血消斑、利咽止痛的功效。叶还可用于提取蓝色染料；种子可以榨油，供工业使用。

互动笔记

问一问爸爸妈妈，家中有没有什么药里有板蓝根呢？看看药盒，记录一下药的成分。注意，药可不能随便乱吃哦！

侧柏叶

植物名 | 侧柏

拉丁名 | *PLatycladus orientalis*（L.）Franco

别名 | 扁柏叶、丛柏叶、柏叶

目 | 松杉目　　花期 | 3-4 月

科 | 柏科　　果期 | 10 月

属 | 侧柏属

生长在 |

全国大部分地区均有分布，多为栽培。主产于山东、河南、河北等地。

仔细观察

侧柏为乔木，分枝较多，小枝直展，扁平，排成一平面。叶呈细小鳞片状，对生，贴伏于枝上，呈深绿色或黄绿色。质地较脆，容易折断，具有清新的香气。雌雄同株，球果卵状椭圆形，成熟时为褐色；种子椭圆形，灰褐色。

‖ 药用部位

‖ 中药炮制

侧柏叶：除去硬梗及杂质。

侧柏炭：取净侧柏叶置锅内，用武火或中火加热，炒至表面黑褐色，内部焦黄色。

中医里说——

侧柏叶中主要含有挥发油、黄酮、脂类成分，具有镇咳、祛痰及平喘作用。侧柏叶苦、寒，可以用于凉血止血，用于治疗吐血，咯血，便血，崩漏下血，肺热咳嗽，血热脱发，须发早白。《本草求真》记载：“侧柏叶仗金气以制木。借炒黑以止血。”

‖ 传说故事

柏叶仙人是古代传奇小说中的人物，在这则神话故事中，他因为常年服用柏叶而修炼成仙。

传说柏叶仙人名叫田鸾，住在长安。他家世代做官，到田鸾这一辈，家中很是富有。田鸾兄弟五六个，但全都不到三十岁就英年早逝。田鸾二十五岁的时候，他的母亲非常忧虑，他自己也很害怕会和哥哥们一样。他曾经听说修道的人有长生不老的道术。于是，他来到华山，四处打听寻找仙人，十分诚恳。当他走到山下几十里的地方时，遇见一位道士从山里出来，于是赶忙上前拜见，向道士打听长生的秘诀。道士抬头指着身旁的一棵柏树说：“这就是长生药啊！何必到山中更深更远的地方去？只问你自己的意志如何罢了。”田鸾进一步打听仙药的配方，道士说：“柏叶长期不间断地服用，就能长生。”道士说完扬长而去。

回家后，田鸾把采集来的柏叶晒干，加工成粉末服用，并逐渐不吃鱼肉，心志专一。服用了六七十天，没有别的效果，只觉得时时烦躁发热，但他还是坚持服用不间断。两年多后，他头痛发烧，全身生疮。见此情景，他母亲哭泣着说：“本来是为了延寿，现在反倒被药害死了。”谁知田鸾坚决不放弃，还是照吃不误。到了七八年，发烧的病更厉害了，他身上就像着火一般，别人都没法接近他。只要靠近他，谁都能闻到他身上有一股柏叶的气味。他身上的疮全都溃烂，黄水流遍全身，干了后就像胶一样。母亲也跟别人一样，认为他要死了。忽然有一天，田鸾说：“今天我的身体好了一些，要洗个澡。”于是让人在屋里放了一大盆水，几个人把他抬到大盆里，让他安安静静地洗完澡。从有病以来，他睡眠很少，现在他又忽然很想睡觉，于是大家把门掩上，没弄出声响惊扰他，让他睡着了。三天之后，田鸾才睡醒，被人扶起来后，别人发现他身上的那些疮已经一扫而光，皮肤白净，眉毛胡须变得黑中透绿，整个人精神焕发，他自己也觉得耳目聪明。他说：“我睡着的时候，梦见几个道士拿着旌节带领我去拜谒上清，见到自古以来所有的神仙，他们都互相说：‘柏叶仙人到这儿来了！’于是就教给我仙术，并把我的名字在玉牌上刻成金字，收藏在上清。他们还对我说：‘你暂且在人世间修行，以后有了位置就叫你来。’之后，就又领我回来了。”

从此之后，田鸾不再吃粮食，但

并不觉得饥渴。他一直隐居在嵩阳，到贞元年间，他已经一百二十三岁，却还是年轻时的样子。直到有一天，他忽然告诉门人，说他快要升仙了，说完后他就把自己关在一间房子里。几天后，门人们去查看，发现屋子里什么都没有，只有异香满室，空中回荡着音乐声。原来，田鸾已经造访青都，赴神仙的约会去了。

小知识

侧柏叶在中药里根据炮制的不同，分为侧柏叶、侧柏叶炭、炒侧柏叶、焦侧柏叶、醋侧柏叶、盐侧柏叶、蒸侧柏叶，炮制后多贮于干燥容器内，除侧柏叶外均需密闭，置阴凉干燥处。侧柏叶不能与菊花同用。

茜草

植物名 | 茜草
拉丁名 | *Rubia cordifolia* L.
别名 | 红丝线、小活血、拈拈草、茜草茎（茎叶的中药名）、红根

目 | 龙胆目　　花期 | 8-9 月
科 | 茜草科　　果期 | 10-11 月
属 | 茜草属

生长在 |
分布于朝鲜、日本和俄罗斯远东地区。产东北、华北、西北和四川（北部）及西藏（昌都地区）等地。

仔细观察

茜草是草质攀援藤木，一般长为1.5–3.5米，根状茎和其节上的须根都是红色的。多条细长的茎从根状茎的节上发出，呈方柱形，有4棱，棱上有倒生皮刺，中部以上多分枝。叶通常4片轮生，纸质，披针形或长圆状披针形，边缘有齿状皮刺，两面粗糙。叶柄有倒生皮刺。聚伞花序腋生和顶生，有花十余朵至数十朵，花冠淡黄色，干时淡褐色。果球形，成熟时橘黄色。常生于疏林、林缘、灌丛或草地上。

‖ 药用部位

‖ 中药炮制

茜草根于春秋二季采挖为佳，洗净鲜用，晒干或趁鲜切片晒干备用。茎叶于夏秋季采割为佳，除去杂质，洗净，鲜用或切段晒干备用。

中医里说——

茜草主要含蒽醌类、萘醌类茜草酸苷、环烯醚萜类等成分。具有止血、升白细胞，抗癌作用。《本草纲目》记载：“陶隐居本草言：东方有而少，不如西方多，则西草为茜……”李时珍曾言：“茜草十二月生苗，蔓延数尺，方甚中空有劢，外有细刺，数寸一节，每节五叶，叶如乌药叶而糙涩，面青背绿，七八月开花结实，如小椒大，中有细子……可以染绛……”

‖ 传说故事

传说在古代长安城里，有一家人专门卖一种中药汤剂，不管什么人得什么病，给上几个钱，就可以买一碗喝，包治百病。

有一天，长安城里一位大官人忽然流起鼻血，怎么也止不住，全家人急得团团转。一个随从说："听说城东有一家汤药包治百病，何不买一些回来试试？"这位大官本来不相信这种传言，可是在这紧急关头，也就勉强同意了。随从快马加鞭来到城东，见这家院子里放了一口大锅，锅里的药汤已经卖得只剩下一点点了。他取出罐子，买了药就走。没想到还没走出街巷，随从一不小心，将罐子打翻在地，药汤洒了一多半。随从心想，那口大锅里本就只剩这最后一点点，现在折回去也没用了，但是老爷等着喝药呢，空手回去又得挨骂。他跳下马来，急得来回踱步想办法，忽然抬头看见卖药汤的院子旁边是一家染坊，想起这里有一个朋友常吃这种药汤，如果买的药汤有剩的，不妨要一些回去应付差事。于是，他走进染坊，招呼来朋友，跟他道明来意，向他求药。他那朋友，哈哈一笑，神神秘秘地引他来到后院染坊，说是要给他看一样东西。随从便跟着来到后院，只见院子里摆着好几缸个大染缸，里面全是染红布用的红色汁水，竟和刚才那一罐药汤的颜色一模一样。随从的朋友向他解释道："我们染布的都知道茜草汁水不仅能染布还能治病，但是染坊卖药不合适，所以我们便在隔壁院子卖这种茜草汤药，本来是个秘密，现在你家主人遣你来买药，作为好友得帮忙，我便领你进来舀上一罐。"随从大喜，便舀了一罐回去。大官人看到药汤取回来了，接过来仰起脖子咕噜咕噜就喝。随从站在一边瞧着，背脊上直冒冷汗，心想："染布的汁水到底能不能治病？刚刚听朋友说说倒也没在意，临到主人真喝到肚里，万一是胡来，自己可担不了责任啊。"谁知过了一会儿，大官人的鼻血居然止住了，他笑眯眯地对随从说："这可真是妙药啊！"随从连连点头，心里松了一大口气，原来那染布的茜草汁水真的能作药汤治病啊。

小知识

茜草为人类最早使用的红色染料之一，故茜草又名：破血草、染蛋草、红根草等。茜草所染不是红花那种鲜艳的真红，而是比较暗的土红，在印染界对这种红色有专门的术语叫作 Turkey red（土耳其红）。

草果

植物名 | 草果
拉丁名 | *Amomum tsaoko* Crevost et Lemarie
别名 | 草果仁、草果子、老蔻

目 | 姜目　　花期 | 4—6 月
科 | 姜科　　果期 | 9—12 月
属 | 豆蔻属

生长在 |
分布于中国云南、广西、贵州等省区，栽培或野生于疏林下。

仔细观察

草果为多年生草本植物，高可达3米，全株有辛香气，叶片长椭圆形或长圆形，边缘干膜质，两面光滑无毛。穗状花序不分枝，每花序有花多达30朵；总花梗被密集的鳞片，鳞片长圆形或长椭圆形，花冠红色，蒴果密生，熟时红色，种子多角形，香味浓郁。

药用部位

中药炮制

取原药材，除去杂质为草果仁。

取净草果仁加姜汁，充分拌匀，闷透，置锅内，用文火炒干，取出放凉为姜草果仁。

取净草果用面做皮包好，置热灰内煨至皮焦，或煨至皮微焦并有裂纹时，剥去外皮为煨草果仁。

中医里说——

草果辛温燥烈，气浓味厚，其燥湿、温中之力皆强于草豆蔻。芳香辟浊，可以温脾燥湿，除痰截疟。《本草纲目》引李杲记载："温脾胃，止呕吐，治脾寒湿、寒痰；益真气，消一切冷气臌胀，化疟母，消宿食，解酒毒、果积。兼辟瘴解瘟。"

传说故事

在最早的时候，草果可不怎么受人待见，因为它成熟时种子会破碎发出浓烈的臭味。那么草果的价值是如何被发现的呢？

传说，有一家农户在地里忙活了一天，丈夫擦了把汗对妻子说道："你先带孩子们回去做饭吧，我把这点活儿干完再回去。"妻子说着就引着两个孩子回去了。两个孩子都不到十岁，蹦来跳去，相互嬉戏。回到家，妻子一边做饭，一边收拾屋子。等到饭菜做好，丈夫正好回来。闻了闻桌上的饭菜，丈夫惊讶地问妻子："嗯，今天的肉汤好香啊，你是怎么煮的？""还能怎么做，就是加肉加水加盐巴一起煮呗。"妻子虽然也觉得今天的肉汤味道不一样，可她也想不明白其中的缘由。丈夫跑到锅边看了看，拿勺子在锅里舀了舀。哈！原来肉汤里有几粒草果，草果已经煮变了样。"原来这肉汤是加了草果才这么香的啊！难道说，草果竟然是种香料。"原来，在妻子做饭的时候，两个孩子拿着从山上摘的草果扔着玩，不巧几粒草果掉进了锅里，这才做出了这锅具有特别香味的肉汤。从此，草果的调味功能被广泛流传，逐渐被人们当作香料。

小知识

草果是药食两用中药材品种之一，果实入药，具有燥湿健脾，除痰截疟的功能，好多中成药离不开它的配方。草果也常作调味香料；全株可提取芳香油。

互动笔记

草果经常能在炖肉里找见，记录一下哪些菜里会放草果呢？

茯苓

植物名 | 茯苓
拉丁名 | *Wolfiporia cocos*（F.A.Wolf）Ryvarden & Gilb.
别名 | 茯菟、松腴、不死面、松薯、松苓

目 | 多孔菌目　　采挖时节 | 7–9月
科 | 多孔菌科
属 | 茯苓属

生长在 |
分布河北、河南、山东、安徽、浙江、福建、广东、广西、湖南、湖北、四川、贵州、云南、山西等地。主产于安徽、云南、湖北。

仔细观察

茯苓是一种真菌。茯苓多于7~9月采挖，挖出后除去泥沙，堆置“发汗”后，摊开晾至表面干燥，再“发汗”，反复数次至现皱纹、内部水分大部散失后，阴干，称为“茯苓个”。外皮薄而粗糙，棕褐色至黑褐色，有明显的皱缩纹理。有的具裂隙，外层淡棕色，内部白色，少数淡红色，有的中间抱有松根。气微，味淡，嚼之粘牙。

药用部位

中药炮制

取茯苓，浸泡，洗净，润后稍蒸，及时削去外皮，切制成块或切厚片，晒干。

中医里说——

茯苓甘而淡，甘则能补，淡则能渗，药性平和，既可祛邪，又可扶正，利水而不伤正气，实为利水消肿之要药。茯苓善渗泄水湿，使湿无所聚，痰无由生。《世补斋医书》记载：“茯苓一味，为治痰主药，痰之本，水也，茯苓可以行水。痰之动，湿也，茯苓又可行湿。”

传说故事

从前有个员外，家中有独女，名叫小玲。员外雇了一个壮实小伙子料理家务，名叫小伏。小伏很勤快，员外的女儿暗暗喜欢上他了。不料员外知道后，非常不高兴，认为俩人门不当户不对，不能联姻。员外准备把小伏赶走，还把自己的女儿关起来，许配给一个富家子弟。小伏和小玲得知此事后，在一个深夜从家里逃了出来，就此私奔。

小玲和小伏长途跋涉、风餐露宿，过了好几个月才找到一个容身之所安顿下来。然而小玲本是富家小姐，哪里经得起风雨颠簸，落下了风湿病，常常卧床不起。后来，小伏凭着一身本事，白天打猎卖钱，晚上照顾小玲，二人患难相依，倒也自得其乐。

有一天，小伏照例进山打猎，忽见远处一亮，有只棕色的野兔，毛发透亮，很是灵动。小伏暗赞一声，弯弓搭箭，一箭射中兔子后腿。那兔子也是神奇，中箭后也不吃痛，带着箭矢还能飞一般地奔逃。小伏眼疾脚快、紧追不舍，一直追到一片松林，那兔子一个纵跃，忽然就不见了。小伏心想："兔子不见了，射中的箭还能不见了？"他四下里仔细观瞧，果然，在一棵松树旁，发现了自己的箭羽。说来也奇，那支箭正插在一块棕色的木球上。小伏拔出箭，他使劲从裂开的地方将木球掰开，里面居然是雪白色的，摸上去滑滑的，很有弹性，像菌菇一样。他觉得这次遭遇很是神奇，于是将这东西带回了家。吃惯了山间野味的夫妇俩，当晚便把这神奇的菌菇切块做熟吃了。第二天，神奇的事情发生了，小玲觉得身体舒服多了，小伏非常高兴，觉得应该是昨日的菌菇起了作用。于是自那之后，小伏经常去松林里找寻那个像木球一样的菌菇，挖来做给小玲吃。久而久之，小玲的风湿病也渐渐痊愈了。

后来，小伏打猎完下山卖野味的时候，也向村民们推荐这种神奇的菌菇。这菌菇的效用也渐渐为大家所熟知，因为这菌菇是小伏和小玲发现的，人们就把它称为"茯苓"。

小知识

茯苓入药部位是菌核，将鲜茯苓按不同部位切制，阴干，分别称为"茯苓皮""茯苓块""苓片"。去皮后切制的茯苓，呈立方块状或方块状厚片，大小不一，白色、淡红色或淡棕色为茯苓块，去皮后切制的茯苓，呈不规则厚片，厚薄不一，白色、淡红色或淡棕色为苓片。

互动笔记

茯苓经常用在点心里，北京有种点心叫“茯苓饼”，里面有茯苓作原料。你还能找出哪些点心用到了茯苓吗？

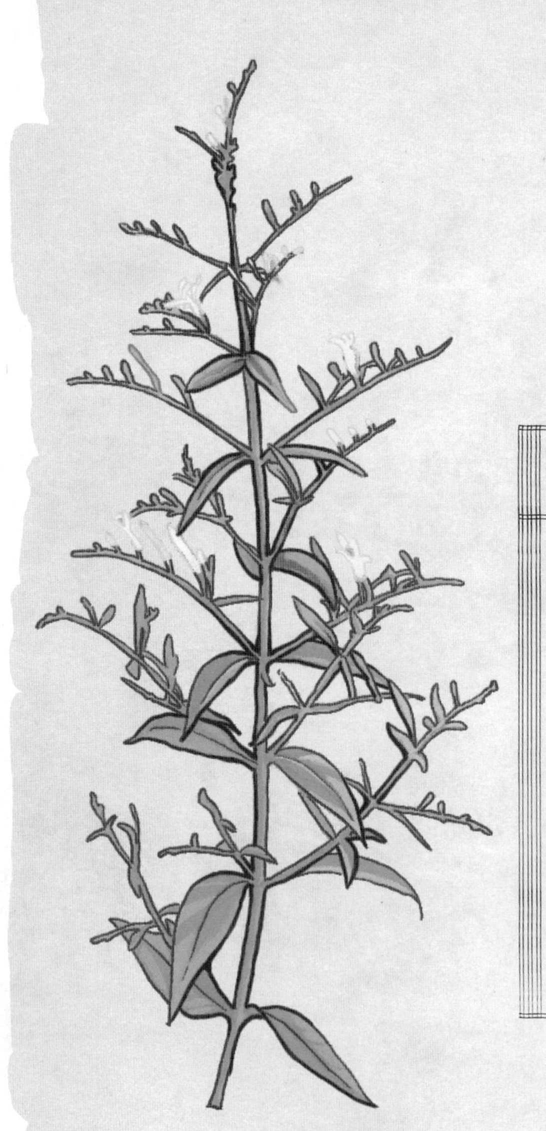

穿心莲

植物名丨穿心莲

拉丁名丨*Andrographis paniculata*（Burm. f.）Nees

别名丨春莲秋柳，一见喜，榄核莲、苦胆草、金香草、金耳钩、印度草，苦草

目丨唇形目　　花期丨5-6月

科丨爵床科　　果期丨10-11月

属丨穿心莲属

生长在丨

我国福建、广东、海南、广西、云南常见栽培，江苏、陕西亦有引种。

仔细观察

穿心莲为一年生草本，高达80厘米，茎4棱，下部分枝较多，节膨大。叶卵状长圆形或长圆状披针形。花序轴上叶较小，总状花序顶生和腋生，集成大型圆锥花序，花白色而小，下唇带紫色斑纹。蒴果扁，中有一沟，长约1厘米，疏生腺毛。种子12粒，四方形，有皱纹。

‖ 药用部位

‖ 中药炮制

取原药材，除去杂质，抢水洗净，切成段，干燥，筛去灰屑。

中医里说——

穿心莲内酯、新穿心莲内酯具有解热和抗炎作用。《岭南采药录》中记载穿心莲能解蛇毒，又能理内伤咳嗽。

‖ 传说故事

相传佛教的达摩祖师跋山涉水从印度来到中国弘扬佛法，遍历我国的大江南北。一日，达摩祖师及其弟子游历到我国岭南地区时，路遇一老农倒在路边痛苦呻吟，奄奄一息。达摩上前询问道：“老人，你这是怎么了？”老农低声答道：“我被蛇咬伤了，请大师父救救我。”达摩看到老农痛苦的表情，查看了伤口后，便从随身携带的背囊中拿出小刀，划开伤口，用嘴帮老农吸出毒血。又从背囊中拿出些草药，嚼碎后敷在伤口上，并为其包扎好伤口。达摩及其弟子众人将老农送回家后，便嘱咐他一些注意事项，并给他留下些草药。老农询问草药的名称，达摩只知这种草药在印度的名称，于是老农便称这种草药为印度草。随后达摩带领众弟子继续游历，老农将达摩留下的草药种子种植在自家后山上，并用这种草药为附近的村民治病。由于这种草药味道极苦，中医五行学说认为苦入心，而这种草药只要你含一小片它的叶子，便马上可以感受到那种刻骨铭心的苦，久而久之后人便称其为穿心莲。

小知识

在许多地方的菜馆、菜市场里，曾经有一种蔬菜火了起来——它就是“穿心莲”。许多朋友慕名而来，认为它是中药穿心莲的“新鲜”版本，以为两者有着一样的功效。

菜场销售的“穿心莲”，又名花蔓草，是匍匐型多肉植物；而中药里的穿心莲，却是爵床科穿心莲属植物，它们俩根本就八竿子都打不着。

互动笔记

穿心莲的名字听起来就很有故事，你能联想到什么奇妙的传说吗？试着写写看。

桃仁

植物名 | 桃
拉丁名 | *Prunus persica* L.
别名 | 毛桃仁、扁桃仁、大桃仁

目 | 蔷薇目　　花期 | 3-4 月
科 | 蔷薇科　　果期 | 8-9 月
属 | 桃属

生长在 |
全国各地普遍栽培

仔细观察

桃为落叶小乔木，高3-8米。叶互生，边缘有锯齿。花单生，先叶开放；萼片5，外面被毛；花瓣5，淡红色，稀白色。核果肉质，多汁，心状卵形至椭圆形，1侧有纵沟，表面具短柔毛；果核坚硬，木质，扁卵圆形，顶端渐尖，表面具不规则的深槽及窝孔。

药用部位

中药炮制

果实成熟后采收，除去果肉和核壳，取出种子，晒干。

中医里说——

桃仁含有苦杏仁苷，有抗炎作用，有一定的抗菌镇痛、抗过敏、抗氧化、抗肿瘤作用。《本草纲目》记载："桃仁行血，宜连皮、尖生用。润燥活血，宜汤浸去皮、尖炒黄用。"

传说故事

从前有一个果农，在山林旁有一片果园，里面种满了桃树。果农有一个善良贤惠的妻子，二人辛苦劳作、勤勤恳恳，把果园里的桃树照顾得枝繁叶茂。不过，每到夏天桃子收获的季节，收成总不是很好，因为山林里有一群猴子，每到桃子成熟的季节，便会到果园里来摘桃子吃，果农夫妇人手不够，抓它们不到、赶也赶不跑，拿猴子们没办法。好在猴子们也不可能把桃子全吃光，果农夫妇把剩下的卖掉也能赚点小钱，只能得过且过了。

到了这年初夏，果农得知了一

个好消息，他的妻子怀孕了，同时又感到一些忧虑，因为凭他们卖桃子赚的钱连给妻子买些肉吃都不够，一定得想办法赶一赶猴子，多收点桃。于是果农到猎户家借来了几个捕兽夹绑在桃树上，希望可以吓走来偷桃的猴子。这个办法果然有效，没过几天，果农就抓到一只被捕兽夹夹住腿的猴子。他用麻袋把猴子装回了家，到了家里他高兴地对妻子说，“今天我抓回了一只猴子，明天去市场上卖了给你买点肉吃。”果农的妻子打开麻袋，看到里面奄奄一息的猴子，觉得它十分可怜，于是对果农说：“你看它的样子就像个小宝宝，太可怜了，咱们把它的腿治好就放掉吧，把桃树上的捕兽夹也都撤下吧。上天有好生之德，就当是给我肚子里的孩子积点德。”果农本来十分不愿意，但想到未出生的孩子，看到妻子哀求的眼神也只好答应。妻子把猴子受伤的腿用布包扎了一下，又喂它一些东西吃，没过几天猴子的腿伤就好了，跑回了山林里。

没想到自那以后，山里来偷桃的猴子渐渐少了。后来果农的妻子生下一个男孩，可爱又健康，只是妻子却有些产后腹痛。果农家里没什么钱，妻子觉得这种病忍忍也就好了，也没去看大夫，只是有时痛得脸色苍白、冷汗直流，几个月下来人也消瘦了。有一次妻子去洗衣服晕倒在地摔伤了腿。眼下正是桃子收获的季节，果农在桃林里劳作，他的妻子由于腿受伤了只能在家休息。

这天下午，果农的家门前来了几只猴子，猴子捧来了一些桃核，扔在果农家门口，同时朝果农家院子里叫唤。晚上果农回到家，看见门口一小堆桃核，很是奇怪，进了家门便问妻子怎么回事。妻子把下午所见告诉了果农。果农怒道：“这群猴子不但不知恩图报，还把偷吃完的桃核扔到我家门口，太可恶了。”到了第二天下午，那几只猴子又来到果农家门口，这次它们手里拿着一块石头，把带来的桃核砸开，把桃仁捣碎放到一大片叶子上。果农的妻子听见异样，拄着拐棍来到门前，看见猴子们的举动感到很惊讶，难道它们是要我吃下这东西？她看了看洁白的桃仁，闻了闻味道，有一股清香，倒也不似什么毒药，于是她抱着将信将疑的态度吃了下去，接着便回屋躺下休息了。等到一觉醒来，果农的妻子感觉腿伤竟好了一些，而且腹痛的感觉也变轻了。

接下来的几天，猴子们每天都来给果农的妻子送桃仁。几天过去后，她的腿伤好了，行走自如，而且腹痛的症状也没有了。原来山里的猴子极有灵性，平常跌伤就吃桃仁，看到果农的妻子受伤便为她送桃仁来，没想到，桃仁有活血祛瘀的功效，一举两得，既治好了她的腿伤又治好了产后腹痛。

果农回家见到妻子一天天身体好转，行动自如，问其原因，妻子把这几天下午发生的事告诉了果农，果农感叹道："果真是好人有好报。"从此他的桃树林里每年都会留一些桃子不摘，让山林里的猴子来采食。

小知识

桃仁使用后可以改善肝功能，对治疗肝硬化有很好的效果。但桃仁不宜一次大量使用，有一定的毒素，只能少量频用，细水长流，这点不可不知。

互动笔记

桃花盛开的季节，满园皆春，拍一拍枝头绚烂的桃花，贴在这里记录下来吧。

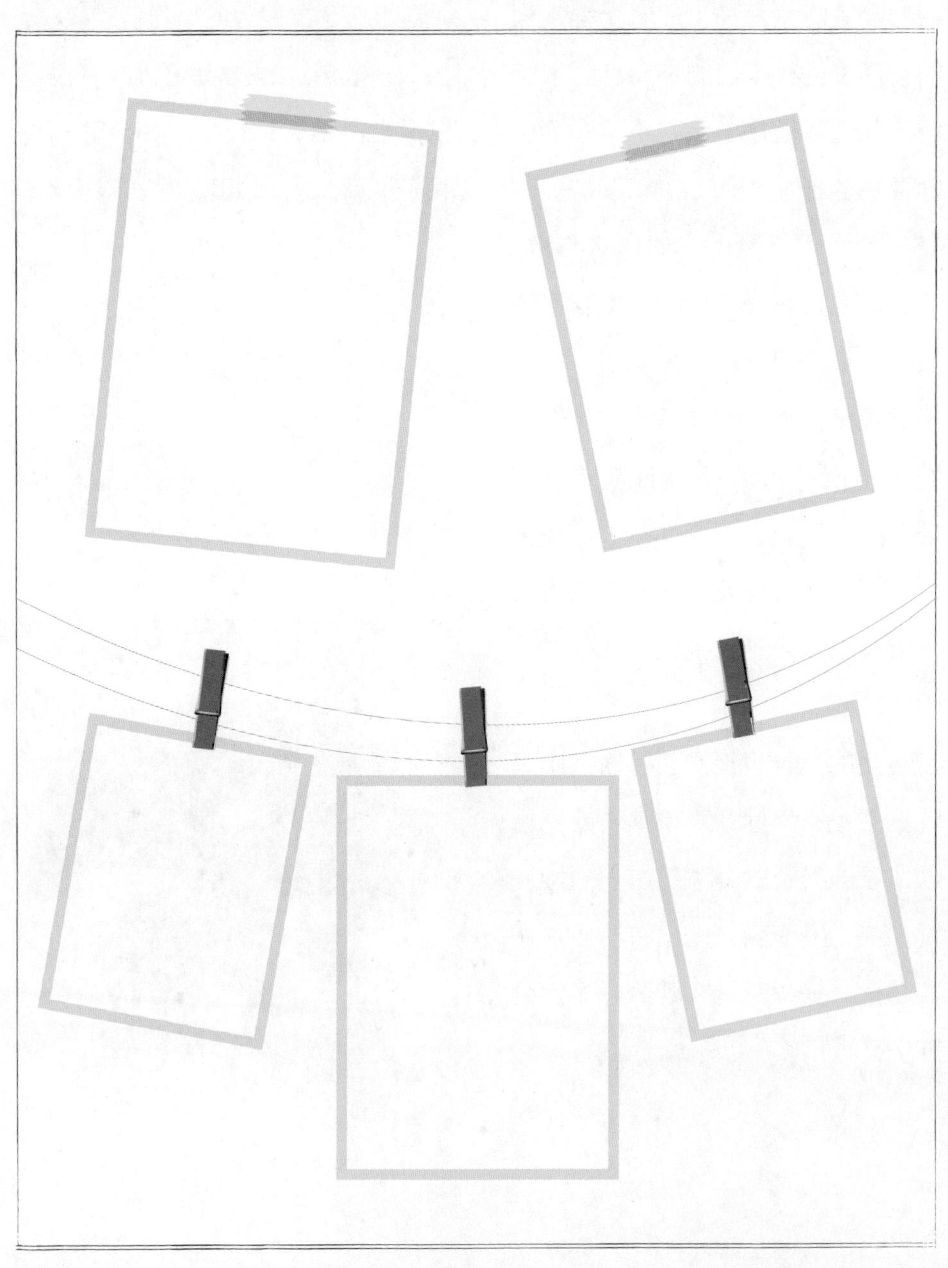

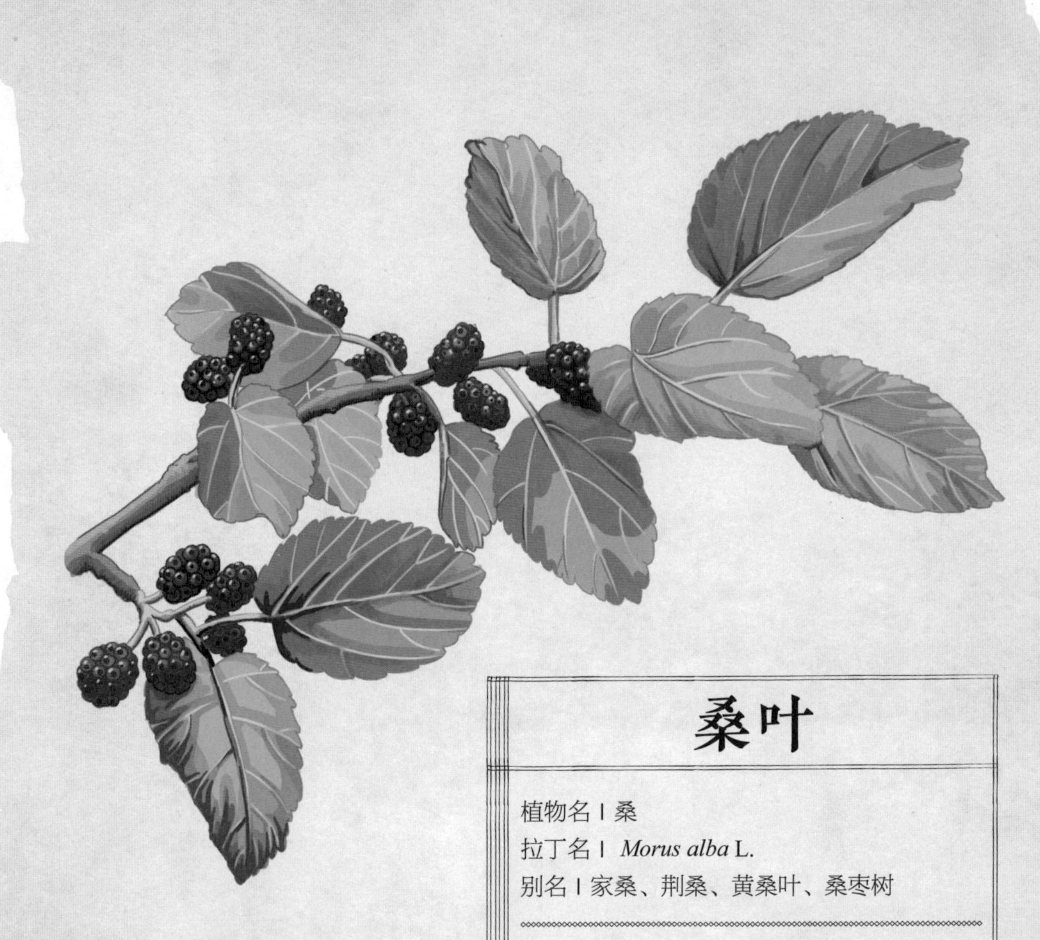

桑叶

植物名 | 桑
拉丁名 | *Morus alba* L.
别名 | 家桑、荆桑、黄桑叶、桑枣树

目 | 荨（qián）麻目
科 | 桑科
属 | 桑属

花期 | 4-5月
果期 | 5-7月

生长在 |
原产自我国中原和北方，全国各地均有栽培。朝鲜、日本、蒙古、中亚各国、俄罗斯、欧洲等地以及印度、越南亦均有栽培。

仔细观察

桑为落叶灌木或小乔木，高3-15米。树皮灰黄色或黄褐色，幼枝有毛。叶互生，卵形至阔卵形，边缘有粗齿，上面无毛，有光泽，下面绿色，脉上有疏毛，脉腋间有簇毛。雌雄异株，雄花序早落，雌花花柱不明显或无。聚花果（桑葚）熟时紫黑色、红色或乳白色。

‖ 药用部位

‖ 中药炮制

初霜后采收，除去杂质，晒干而得。

中医里说——

现代中、西医把桑叶和桑叶生物制剂作为改善糖尿病及其他各种疑难杂症的药物而使用，认为其药效极为广泛。能清肺润燥、止咳、去热、化痰、治盗汗；补肝、清肝明目、治疗头晕眼花、失眠、消除眼部疲劳。《本草蒙筌》记载："采经霜者煮汤，洗眼去风泪殊胜。盐捣敷蛇虫蜈蚣咬毒，蒸捣罯扑损瘀血带凝。煎代茶，消水肿脚浮，下气令关节利；研作散，汤调。止霍乱吐泻，出汗除风痹疼。炙和桑衣煎浓，治痢诸伤止血。"

‖ 传说故事

相传宋代时，严山寺来了一位游僧，也就是云游四方的和尚。这位游僧身体瘦弱且胃口极差，每夜一上床入睡就浑身是汗，醒后衣衫尽湿，甚至被单、草席皆湿，多年来求医无效。一日，严山寺的监寺和尚知道了这位游僧的病情后，便说："不要灰心，我有一良方能治你的病，何不试试？"

翌日，天刚亮，监寺和尚就带着游僧来到一棵桑树下，趁着晨露未干，采摘了一把桑叶带回寺中。叮嘱游僧将桑叶焙干、研末后，空腹时用米汤冲服，一日两次，一次服二钱。游僧照着做了，连服三日后，缠绵多年的沉疴竟然痊愈了。游僧与寺中众和尚无不惊奇，佩服监寺和尚药到病除。

小知识

桑树的果穗入药，为桑葚。桑木还可以用来做弓，叫作桑弧。枯枝可以作为干柴；树皮可以作为药材，造纸；桑木也可以用来造纸；桑木还可以用来制造农业生产工具，如桑杈、车辕等。叶为养蚕的主要饲料，亦作药用，并可作土农药。桑树木材坚硬，可制家具、乐器、雕刻等。桑葚不但可以充饥，还可以酿酒，称桑子酒。桑树树冠宽阔，树叶茂密，秋季叶色变黄，颇为美观，且能抗烟尘及有毒气体，适于城市、工矿区及农村四旁绿化。适应性强，为良好的绿化及经济树种。

桑葚是桑树的成熟果实，为桑科植物桑树的果穗。又名桑椹子、桑蔗、桑枣、桑果、桑泡儿、乌椹等。人们喜欢其成熟的鲜果食用，味甜汁多，是常食的水果之一。桑葚每年4–6月果实成熟，成熟的桑葚质地油润，酸甜适口，以个大、肉厚、色紫红、糖分足者为佳。桑葚性味甘寒，具有补肝益肾、生津润燥、乌发明目等功效，是人们常食用的一种利尿、保健、消暑的鲜果。

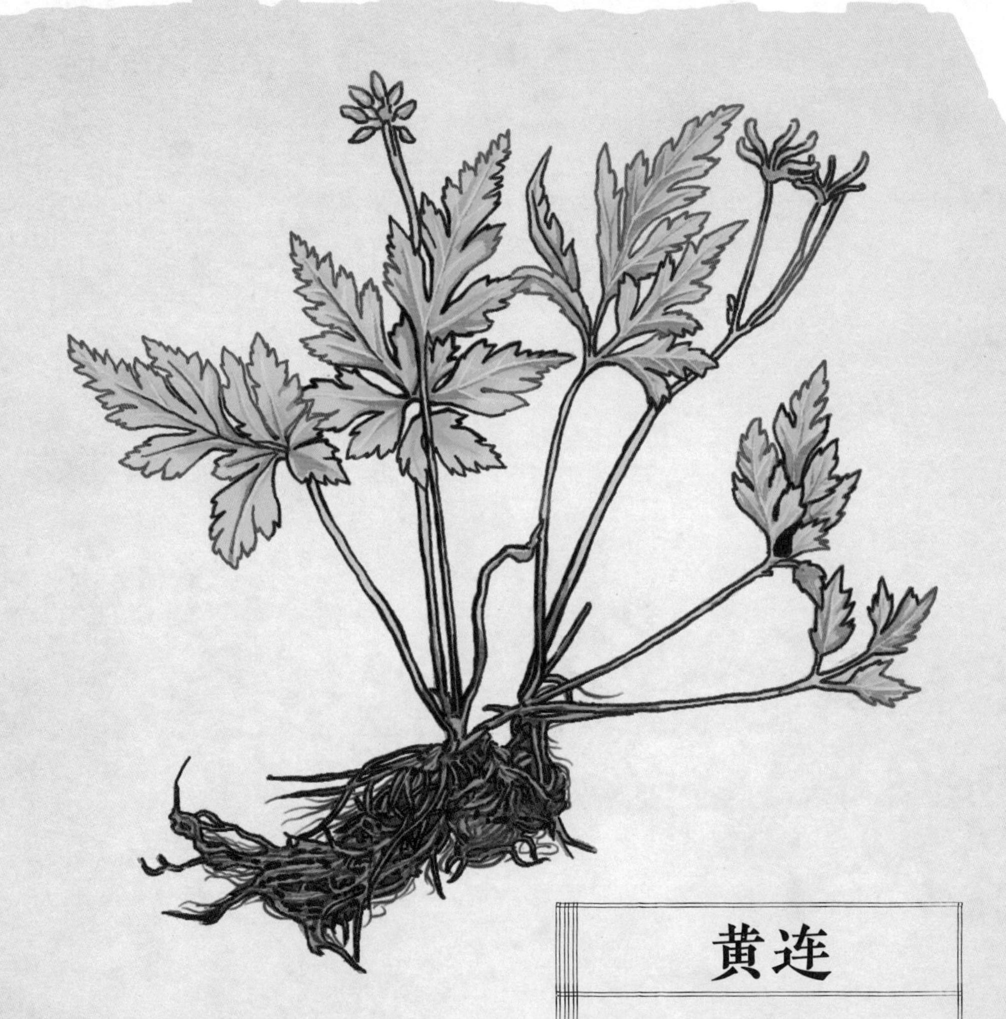

黄连

植物名 | 黄连
拉丁名 | *Coptis chinensi* Franch.
别名 | 味连、川连、鸡爪连

目 | 毛茛目　　花期 | 2–3 月
科 | 毛茛科　　果期 | 4–6 月
属 | 黄连属

生长在 |
分布于四川、贵州、湖南、湖北、陕西南部。

仔细观察

黄连为多年生草本植物，根状茎黄色，常分枝，密生多数须根。叶有长柄，叶片稍带革质，卵状三角形，边缘生具细刺尖的锐锯齿。花葶1-2条，高12-25厘米；花瓣线形或线状披针形。蓇葖果长6-8毫米，柄约与之等长；种子褐色。2-3月开花，4-6月结果。常生长于海拔500-2000米间的山地林中或山谷阴处，野生或栽培。

‖ 药用部位

‖ 中药炮制

黄连片除去杂质，润透后切薄片，晾干或用时捣碎。

中医里说——

黄连含有黄连素，具有抗菌作用、解热作用等。黄连始载于《神农本草经》，被列为上品。《本草纲目》中记载："其根连珠而色黄，故名。"

‖ 传说故事

相传很久以前，石柱县老山上的一个镇子里，住着一个姓陶的大夫。有一年遇上天灾，妻子和两个儿子相继病死，只留下幺女，父女相依为命。陶大夫的医馆一时间无人照料，于是他雇了一名叫黄连的帮工，替他栽花种草药。黄连心地善良，勤劳憨厚，就这样，陶大夫的医馆也就一直开下去了。

可是好景不长，石柱县一带的老山上，不少人开始得一种怪病，患者高热烦躁、胸闷呕吐、腹泻痢疾，得了病的人哪怕身强力壮，都只能是瘫软在床、浑身无力。懂事的陶家幺女，算是个幸运儿，一直没染上这种怪病，还力所能及地做一些家务。

有一年春天，陶幺女踏青外出，在山坡上，她忽然发现一种野草，叶子像锯齿状，开很多小花，有黄色的、绿色的，也有黄绿色的，好看极了。她顺手拔起这些野草，兴奋地带回家种在了园子里。家里的帮工黄连每次给花草上肥浇水，也没忘记给那几株野草来一份。天长日久，野草长得越发茂盛。

到了第二年夏天，陶大夫外出治病，十多天没回家。不巧，陶幺女卧病在床，厌食不饮，一天天瘦下去，看样子是得了那种怪病了，瘦得只剩皮包骨。陶大夫的几位好友想尽办法，也没能治好陶幺女的病。帮工黄连心想，陶姑娘在园子里种下的野草，或许可以用来试一试？于是他将那野草连根拔起，洗干净，连根须叶一起煮。过了一会儿工夫，他揭开锅盖一看，锅中的野草和汤全都煮成了黄色。黄连拿起汤勺舀了一碗，自己先尝了一口，心想要是自己没被毒死，就让陶姑娘喝这汤。他随即一饮而尽，只是觉得味道好苦。隔了两个时辰，黄连见自己还活着，手脚都动得，话说得，耳听得，眼见得，方信这野草无毒，这才端一碗让陶幺女服下。说来也怪，陶幺女喝下这碗野草汤，病竟然好了，她对黄连说："这是一味好药，就是太苦了。"此时，暗恋陶幺女许久的黄连听后黯然神伤地说："我苦等一个人儿，却没等到，也许这草药和我的命一样苦吧！"

小知识

黄连清热燥湿，泻火解毒。酒黄连善于清上焦火热，用于目赤，口疮。姜黄连能清胃和胃止呕，用于寒热互结，湿热中阻，痞满呕吐。萸黄连能舒肝和胃止呕，用于肝胃不和，呕吐吞酸。

梅花

植物名 | 梅
拉丁名 | *Prunus mume* Siebold & Zucc.
别名 | 酸梅、萼梅、绿梅花

目 | 蔷薇目　　花期 | 冬季、春季
科 | 蔷薇科　　果期 | 5-6 月
属 | 杏属

生长在 |
中国各地均有栽培，但以长江流域以南各省最多，江苏北部和河南南部也有少数品种，某些品种已在华北引种成功。日本和朝鲜也有。

仔细观察

梅是小乔木，稀灌木，高4-10米；树皮浅灰色或带绿色，平滑；小枝绿色，光滑无毛。叶片卵形或椭圆形，叶边常具小锐锯齿，灰绿色，幼嫩时两面被短柔毛，成长时逐渐脱落，或仅下面脉腋间具短柔毛；叶柄幼时具毛，老时脱落，常有腺体。

药用部位

中药炮制

除去杂质，低温干燥。

中医里说——

梅花煎剂对金黄色葡萄球菌，大肠、伤寒、副伤寒、痢疾、结核等杆菌及皮肤真菌均有抑制作用。《本草纲目拾遗》中记载："花冬蕊春开，其花不畏霜雪，花后发叶，得先天气最足，故能解先天胎毒，有红、白、绿萼，千叶、单叶之分，惟单叶绿萼入药尤良。采能不犯人手更佳。"

传说故事

相传北宋诗人林逋长期隐居在杭州西湖孤山，终生不娶不仕，埋头栽梅养鹤，被人称作"梅妻鹤子"。他对梅花体察入微，曾咏出"疏影横斜水清浅，暗香浮动月黄昏"这一千古佳句。

小知识

梅原产中国南方，已有三千多年的栽培历史，无论作为观赏或果树均有许多品种。许多类型不但露地栽培供观赏，还可以栽为盆花，制作梅桩。鲜花可提取香精，花、叶、根和种仁均可入药。果实可食、盐渍或干制，或熏制成乌梅人药，有止咳、止泻、生津、止渴之效。梅又能抗根线虫危害，可作核果类果树的砧木。梅花是中国十大名花之首，与兰花、竹子、菊花一起列为“四君子”，与松、竹并称为“岁寒三友”。在中国传统文化中，梅以它的高洁、坚强、谦虚的品格，给人以立志奋发的激励。在严寒中，梅开百花之先，独天下而春。

紫花地丁

植物名 | 紫花地丁

拉丁名 | *Viola philippica* Cav.

别名 | 野堇菜、光瓣堇菜、光萼堇菜

目 | 金虎尾目　　花果期 | 4–9月

科 | 堇菜科

属 | 堇菜属

生长在 |

产黑龙江、吉林、辽宁、内蒙古、河北、山西、陕西、甘肃、山东、江苏、安徽、浙江、江西、福建、河南、湖北、湖南、广西、四川、贵州、云南。朝鲜、日本也有。

仔细观察

紫花地丁为多年生草本，无地上茎，高 4-14 厘米，果期高可达 20 余厘米。根状茎短，垂直，淡褐色，节密生，有数条淡褐色或近白色的细根。叶多数，基生，莲座状；叶片下部通常较小，上部较长，果期叶片增大，长可达 10 余厘米，宽可达 4 厘米；叶柄在花期通常长于叶片 1-2 倍，上部具极狭的翅，果期长可达 10 余厘米，上部具较宽之翅，托叶膜质，苍白色或淡绿色。生于田间、荒地、山坡草丛、林缘或灌丛中。在庭园较湿润处常形成小群落。

药用部位

中药炮制

除去杂质，洗净，切碎，干燥。

中医里说——

紫花地丁苦泄辛散，寒能清热，入心肝血分，故能清热解毒，凉血消肿，消痈散结，为治血热壅滞，痈肿疮毒，红肿热痛的常用药物，尤以治疔毒为其特长。《本草正义》记载："地丁专为痈肿疔毒通用之药……然辛凉散肿，长于退热，惟血热壅滞，红肿掀发之外疡宜之，若谓通治阴疽发背寒凝之证，殊是不妥。"

‖ 传说故事

据说希腊神话里的河川之神伊儿，美丽绝伦，连美神都不禁为之侧目。但是，无奈宙斯说什么也不肯割爱。美神小声呼唤伊儿，两人经常在草原上快乐地玩乐谈天。宙斯之妻赫拉十分嫉妒伊儿的美貌，每当看见赫拉，伊儿便会变成小牛躲起来。宙斯为了让小牛躲过赫拉，创造了紫花地丁的草，引开小牛。后来，赫拉偷偷告诉了宙斯伊儿与美神玩乐的事情，宙斯知道后，便生气地把伊儿变成了星星。然而当愤怒消去，失去了伊儿的宙斯悲伤不已，为了怀念伊儿的美，他在草上增加了一种美丽的紫色花朵，那便是紫花地丁的花朵了。

小知识

紫花地丁营养丰富，它的幼苗或嫩茎，用沸水焯一下，换清水浸泡 3–5 分钟，可以炒食、做汤、和面蒸食或煮菜粥。紫花地丁花期早且集中；植株低矮，生长整齐，株丛紧密，便于经常更换和移栽布置，所以适合用于花坛或早春模纹花坛的构图。紫花地丁适合作为花境或与其他早春花卉构成花丛。在盆栽成株经过一定时间的冬眠后，可注意控制其开花日期，开出满盆娇嫩的花朵，用于窗台、书桌、台架等室内布置，也可制作成盆景。

植物名 | 蒲公英

拉丁名 | *Taraxacum mongolicum* Hand.-Mazz.

别名 | 黄花地丁、婆婆丁、华花郎等

目 | 菊目　　花期 | 4-9月

科 | 菊科　　果期 | 5-10月

属 | 蒲公英属

生长在 |

中国江苏、湖北、河南、安徽、浙江、黑龙江、吉林、辽宁、内蒙古、河北、山西、陕西、甘肃、青海、山东、浙江、福建北部、湖南、广东北部、四川、贵州、云南等地区。朝鲜、蒙古、俄罗斯也有分布。

仔细观察

蒲公英为多年生草本。根略呈圆锥状，弯曲，表面棕褐色，有褶皱，根头部有棕色或黄白色的毛茸。叶成倒卵状披针形、倒披针形或长圆状披针形，三角形或三角状戟形，全缘或具齿，通常具齿，裂片间常夹生小齿，叶柄及主脉常带红紫色，疏被蛛丝状白色柔毛或几无毛。花葶1至数个，与叶等长或稍长，上部紫红色，密被蛛丝状白色长柔毛。果实为瘦果倒卵状披针形，暗褐色，有白色冠毛。

药用部位

中药炮制

除去杂质，洗净，切段，干燥。

中医里说——

蒲公英苦寒，既能清解火热毒邪，又能泄降滞气，所以是清热解毒，消痈散结之佳品，主治内外热毒疮痈诸证，兼能疏郁通乳，故为治疗乳痈之要药。《本草经疏》记载："蒲公英味甘平，其性无毒。当是入肝入胃，解热凉血之要药。"

传说故事

在很久以前，那时候还是封建社会，充满了对女性的压迫。传说有个十五岁的姑娘，还未嫁人，患了乳痈，就是一种让乳房又红又肿、疼痛难忍的病。但是，那时候人们对乳痈还知之甚少，以为这种病只会出现在刚生完孩子的产妇身上。于是姑娘羞于开口，只能强忍着病痛。但是病痛哪里能瞒住，这事很快被她母亲知道了，以为女儿未婚先孕。姑娘见母亲怀疑自己的贞节，又羞又气，便横下一条心，当晚逃出家门投河自尽。

说来也巧，当时河上有一条渔船，船上有一位姓蒲的老渔翁和女儿小英，正在月光下撒网捕鱼。他们一见岸边有人自尽，连忙划船过去，救起了姑娘，问清投河的缘由，老渔翁叹息不已。原来，老渔翁打鱼之前也学过点医术，知道这乳痈不一定是产妇才会得，黄花闺女也有得的，而且并不难治。第二天，小英按照父亲的指点，去到山上挖了些野草，这草顶着白色绒球，开着黄色小花，很是可爱。小英将它们洗净后捣烂成泥，敷在姑娘的乳痈上。没过几天，姑娘就痊愈了。蒲家老渔翁和小英见姑娘康复，便将姑娘送回了家，并且和姑娘的母亲解释了一番。姑娘的母亲知道女儿离家出走后，懊悔不已，现在看见女儿平安无事地回来了，自然也是不再抱怨。姑娘将那治病的野草栽种到家里的后院，为了感谢渔家父女，便叫这种野草为蒲公英。

小知识

蒲公英是药食两用植物，作为中药，具有清热解毒的功效。蒲公英也可生吃、炒食、做汤，腌泡的蒲公英花蕾，具有提神醒脑的功效。蒲公英的根既可以吃，也可以用来替代咖啡。蒲公英的花可以做酒。蒲公英的叶子可生吃，其苦味与味道强烈的油和醋相混合时会产生一种不错的味道。蒲公英不仅可以生吃，也可烹食，蒲公英炒肉丝具有补中益气解毒的功效。

薄荷

植物名 | 薄荷
拉丁名 | *Mentha canadensis* Linnaeus
别名 | 野薄荷、夜息香

目 | 唇形目　　花期 | 7-9 月
科 | 唇形科　　果期 | 10 月
属 | 薄荷属

生长在 |
广泛分布于北半球的温带地区，中国各地均有分布。中国各地多有栽培，其中江苏、安徽为传统产区，但栽培面积日益减少。热带亚洲、俄罗斯远东地区、朝鲜、日本及北美洲也有。

仔细观察

薄荷为多年生草本植物。茎直立，下部数节具纤细的须根及水平匍匐根状茎，上部被倒向微柔毛，下部仅沿棱上被微柔毛，多分枝。叶片长圆状披针形、披针形、椭圆形或卵状披针形，边缘在基部以上疏生粗大的牙齿状锯齿，叶柄长2-10毫米，腹凹背凸，被微柔毛。轮伞花序腋生，轮廓球形，花为淡紫色。小坚果卵珠形，黄褐色，具小腺窝。

药用部位

中药炮制

除去老茎和杂质，略喷清水，稍润，切短段，及时低温干燥。

中医里说——

薄荷含有薄荷醇，该物质可清新口气并具有多种药性，可缓解腹痛、胆囊问题如痉挛，还具有防腐杀菌、利尿、化痰、健胃和助消化等功效。《本草纲目》记载："薄荷，辛能发散，凉能清利，专于消风散热。故头痛、头风、眼目、咽喉、口齿诸病、小儿惊热、瘰疬、疮疥为要药。"

‖ 传说故事

冥王哈迪斯爱上了美丽的精灵曼茜，引起了冥王的妻子佩瑟芬妮的嫉妒。为了使冥王忘记曼茜，佩瑟芬妮将她变成了一株不起眼的小草，长在路边任人踩踏。可是内心坚强善良的曼茜变成小草后，身上却拥有了一股令人舒服的清凉迷人的芬芳，越是被摧折踩踏香味就越浓烈。虽然变成了小草，她却被越来越多的人喜爱。人们把这种草叫薄荷。

小知识

薄荷可以说是我们日常生活中很容易见到的绿色植物之一。而且薄荷是根生植物，很是好养，经常浇点水就可以生根发芽，同时薄荷不仅仅是植物，还具有药用食用的价值，既是药材还能食用。薄荷因为比较清凉，比较适合夏天使用，一般的花露水或者是清凉油里面都含有薄荷，具有驱赶蚊虫的作用，所以平时也可以使用薄荷煮成薄荷水来驱赶蚊虫，还具有消炎止痒的作用。薄荷的茎叶入药，就有消除轻微的红肿、止痛的作用。对于一些轻微的感冒、头痛、可以食用薄荷的根茎煮水喝来缓解。如果是在夏天，还可以使用新鲜的薄荷叶揉搓一下贴在太阳穴的位置，也可以缓解头痛。薄荷叶也可以制作糕点。经常食用薄荷制品，可以保护我们的胆和肝脏，有助于身体毒素的排出，从而使身体不再“油腻”，有一定的减肥作用。

互动笔记

薄荷经常出现在糖果、点心里，记录一下身边哪些食品是薄荷味的。

石斛

植物名 | 石斛
拉丁名 | *Dendrobium nobile* Lindl.
常见品种 | 金钗石斛、鼓槌石斛

目 | 天门冬目　　花期 | 4-5月
科 | 兰科
属 | 石斛属

生长在 |
在我国分布于台湾、香港、湖北、海南、广西、四川、云南、西藏等地。

仔细观察

茎直立，肉质状肥厚，稍扁的圆柱形，长10-60厘米，粗达1.3厘米，分枝，具多节，节有时稍肿大；节间多少呈倒圆锥形，长2-4厘米，干后金黄色。叶革质，长圆形，先端钝并且不等2裂，基部具抱茎鞘。总状花序从具叶或落了叶的老茎中部以上部分发出，长2-4厘米，具1-4朵花；花大，白色带淡紫色先端，有时全体淡紫红色或除唇盘上具1个紫红色斑块外，其余均为白色；花瓣多少斜宽卵形，长2.5-3.5厘米，宽1.8-2.5厘米，先端钝，基部具短爪，全缘，具3条主脉和许多支脉；唇瓣宽卵形，长2.5-3.5厘米，宽2.2-3.2厘米，先端钝，基部两侧具紫红色条纹并且收狭为短爪，中部以下两侧围抱蕊柱，边缘具短的睫毛，两面密布短绒毛，唇盘中央具1个紫红色大斑块；蕊柱绿色，长5毫米，基部稍扩大，具绿色的蕊柱足；药帽紫红色，圆锥形，密布细乳突，前端边缘具不整齐的尖齿。

药用部位

中药炮制

全年均可采收，鲜用者除去根和泥沙，切段；干用者采收后，除去杂质，用开水略烫或烘软，再边搓边烘晒，至叶鞘搓净后，干燥。

中医里说——

石斛益胃生津，滋阴清热。用于热病津伤，口干烦渴，胃阴不足，食少干呕，病后虚热不退，阴虚火旺，骨蒸劳热，目暗不明，筋骨痿软。《神农本草经》记载："味甘，平。主治伤中，除弊。下气，补五脏虚劳羸瘦，强阴。久服厚肠胃，轻身延年。"

‖ 传说故事

相传古代有位叫霍斗的人，与母亲相依为命。当时各地诸侯争战，霍斗也被征去从军。在战场上霍斗英勇杀敌，成了赫赫有名的大将军。几年之后，霍斗从战场胜利归来，发现母亲因思念过度，患病在床，眼睛已经看不见了。霍斗立即四处张榜，谁要是治好母亲的病，将以重金赏赐。可是接连来了许多郎中，都没治好霍斗母亲的病。

有一天，霍斗走在山里散心，见一对老夫妻在犁地，女的拖着犁往前走，男的在后面扶犁。霍斗勃然大怒，上去大声呵斥男人为何如此对待女人。老夫妻双双跪下，说年年战事，自己家的牛被拉去战场了。没了牛，只能靠人力，女人扶不稳犁头，所以只能是男人在后扶着才行。霍斗听罢，叫女人在一旁休息，自己拖起犁头帮忙犁地，老夫妻很是感激。霍斗犁完地，方才仔细瞧了瞧眼前这对老夫妻，顿时惊讶不已。这对夫妻看上去已经古稀之年，却有这般好力气，依旧能拉犁耕地，而且眼不花、耳不聋，便问他们是如何做到的？并且讲述了自己想为母亲治病的一片孝心。老夫妻一听，便带着霍将军来到一座山崖边，男人用绳索捆在身上荡到半山腰，采了些黄草药上来，叫将军拿回家熬水给母亲喝，并且约定后面会陆续给将军家送去。霍斗感激不尽，回到家后按照老夫妻的指点煮给母亲服用。霍斗母亲服药半年后居然能站起来，眼睛也能看得见了。霍斗激动万分，准备了重金感谢那对老夫妻。老夫妻却拒绝了。霍斗很是疑惑，便去询问他们。老夫妻说："现在临近耕种季节，家里缺粮食种子，如将军定要感谢，只需一斛粮种就可以。"于是霍斗将军派人买了一头耕牛和十斛粮食种子一并送了去。

后来由于这黄草功效神奇，被人叫作"救命草""神仙草"，并且列为贡品。传言如果达官贵人想获得，就得以十斛粮食换得一把。随着岁月流转，这草就渐渐被人们叫作“石斛”。

小知识

石斛的主要有效成分包括多糖、生物碱、菲类、酚类、联苄类等。其中，多糖是石斛的主要有效成分，具有调节免疫力、抗氧化、抗衰老、抗肿瘤、保肝及降低血糖等功能。石斛生吃有强阴益精、开胃健脾的功效，用来泡茶，可以开胃健脾、降火理气。

麦冬

植物名 | 麦冬

拉丁名 | *Ophiopogon japonicus*（L.f）Ker-Gawl.

目 | 百合目　　花期 | 5-8月

科 | 百合科　　果期 | 8-9月

属 | 沿阶草属

生长在 |

产广东、广西、福建、台湾、浙江、江苏、江西、湖南、湖北、四川、云南、贵州、安徽、河南、陕西（南部）和河北（北京以南）。

仔细观察

麦冬的根较粗，中间或近末端常膨大成椭圆形或纺锤形的小块根；小块根长 1–1.5 厘米，或更长些，宽 5–10 毫米，淡褐黄色；地下走茎细长，直径 1–2 毫米，节上具膜质的鞘。茎很短，叶基生成丛，禾叶状，长 10–50 厘米，少数更长些，宽 1.5–3.5 毫米，具 3–7 条脉，边缘具细锯齿。花葶长 6–15（–27）厘米，通常比叶短得多，总状花序长 2–5 厘米，或有时更长些，具几朵至十几朵花；花单生或成对着生于苞片腋内；苞片披针形，先端渐尖，最下面的长可达 7–8 毫米；花梗长 3–4 毫米，关节位于中部以上或近中部；花被片常稍下垂而不展开，披针形，长约 5 毫米，白色或淡紫色；花药三角状披针形，长 2.5–3 毫米；花柱长约 4 毫米，较粗，宽约 1 毫米，基部宽阔，向上渐狭。种子球形，直径 7–8 毫米。

药用部位

中药炮制

夏季采挖，洗净，反复暴晒、堆置，至七八成干。除去杂质，洗净，润透，轧扁，干燥。

中医里说——

麦冬养阴生津，润肺清心。用于肺燥干咳，阴虚痨嗽，喉痹咽痛，津伤口渴，内热消渴，心烦失眠，肠燥便秘。麦冬原名麦门冬，始载于《神农本草经》，被列为上品："气味甘平，无毒，主心腹结气，伤中，伤饱，胃络脉绝，羸瘦短气。久服轻身不老，不饥。"

传说故事

天冬、麦冬本来是天上两个仙女。大姐天冬干练灵巧，爽直，性格强于妹妹；小妹麦冬文静秀气，貌美，并喜用淡紫色或白色的花朵装扮自己。她们在天上见到人间有病魔到处行凶，致使人们面黄肌瘦、吐血便秘，死者众多，十分可怜。姐妹俩同情人间疾苦，决心下凡解救。大姐就在我国东南、西南、河北、山东、甘肃的山谷、坡地、疏林、灌木丛中生根落户；小妹麦冬就在我国的秦岭以南浙江、四川一带的溪边、林下安家落户。姐妹俩出没在偏僻地带为那些被病魔缠身的病人奉献自己，和病魔作斗争。姐妹俩虽然都能驱赶出肺胃阴虚、肺胃燥热、便秘的病魔，但根据两个人的性格又有所侧重。大姐对火、燥二魔的清除的力度大于妹妹，直至入侵人体肾部的魔鬼；小妹性格文静力弱，但主攻心中燥魔不在话下。二人合作，水火既济，促人康泰。

小知识

麦冬含多种甾体皂苷和高异黄酮类化合物，有滋阴润肺、保护心血管系统、增强免疫功能及降血糖等作用。目前，麦冬产地在浙江的称“杭麦冬”，产地在四川的称“川麦冬”，而湖北所产麦冬多为湖北麦冬，作“山麦冬”入药。山麦冬为百合科植物湖北麦冬或短葶山麦冬的干燥块根。用于肺燥干咳，虚劳咳嗽，津伤口渴，心烦失眠，肠燥便秘，功效与麦冬类似。《中国药典》中，“山麦冬”与“麦冬”分别列出，应注意区分产地和品种，避免将山麦冬当作川麦冬使用。

互动笔记

麦冬的名字很特别，你还能想到什么有趣的故事呢？试着写一写吧！

芦荟

植物名 | 芦荟

拉丁名 | 库拉索芦荟，*Aloe vera*（L.）Burm.f.
好望角芦荟，*Aloe ferox* Mill.

目 | 天门冬目　　花期 | 2−3 月

科 | 阿福花科

属 | 芦荟属

生长在 |

主产于南美洲北岸附近的库拉索、阿律巴、博内耳等小岛及西印度群岛，我国南方部分省区有引种。

仔细观察

为多年生肉质草本。短茎，直立无分枝，叶簇生于茎端呈莲座状；叶肥厚多汁，叶片狭披针形，长15-36厘米，宽2-6厘米。花茎圆柱状，总状花序顶生，长60-90厘米、花黄色，有赤色斑点。蒴果三角形。

‖ 药用部位

‖ 中药炮制

全年可采。将割取的叶片，切口向下直放入容器中，取其流出的汁液，蒸发浓缩至适当的浓度，任其逐渐冷却凝固，得“老芦荟”。

中医里说——

芦荟泻下通便，清肝泻火，杀虫疗疳。用于热结便秘，惊痫抽搐，小儿疳积；外治癣疮。孕妇慎用。《本草再新》记载：“治肝火，镇肝风，清心热，解心烦，止渴生津，聪耳明目，消牙肿，解火毒。”《本草经疏》记载：“芦荟，寒能除热，苦能泄热燥湿，苦能杀虫，至苦至寒，故为除热杀虫之要药。”

‖ 传说故事

芦荟在美容方面是众所周知的佳品，早在2000多年前的亚历山大帝国，芦荟既是治疗日晒斑溃疡、虫蚁、皮炎的良药，也是美容的佳品。相传唐朝的杨贵妃、埃及艳后克利奥帕特拉都曾用芦荟保养皮肤。

美国在日本广岛和长崎投下两颗原子弹，当地的一些幸存者被辐射灼伤，任何药物都无法医治。后来人们发现辐射后的土地上只有一种植物还生长着，那就是芦荟。于是人们把芦荟切开，把果肉涂抹在伤疤上，奇迹出现了，用过芦荟的伤口不仅愈合快，还不留疤痕。

小知识

芦荟的叶片中含有丰富的化合物，芦荟总苷约25%，以芦荟苷为主，另含多糖混合物以及芦荟多糖。芦荟的抗菌性很强，能够杀除真菌、细菌、病毒等各种各样的病菌，因此被用在美容护肤中，可以达到美白保湿，祛痘养颜的功效。现有的芦荟美容护肤品有芦荟胶、芦荟化妆水、芦荟面膜和芦荟香皂等。此外，由于芦荟容易栽种，并且叶色翠绿，花叶兼备，具有较高的观赏性，可作盆栽观赏。

互动笔记

不少人家里养有芦荟，切一小截，用芦荟汁护肤，也可作为观赏植物，四季常绿。试着画一画，记录你身边的芦荟是什么样子的。

灵芝

物种名 | 赤芝或紫芝

拉丁名 | 赤芝：*Ganoderma lucidum*（Curtis）P.Karst.

紫芝：*Ganoderma sinense* J.D. Zhao, L.W. Hsu & X.Q. Zhang

目 | 非褶菌目

科 | 灵芝科

属 | 灵芝属

生长在 |

我国大部分地区均有分布。

仔细观察

赤芝的菌盖木栓质，半圆形或肾形，宽 10-18 厘米，厚约 2 厘米。皮壳坚硬，初黄色，渐变成红褐色，有光泽，具环状棱纹和辐射状皱纹，边缘薄，常稍内卷。菌盖下表面菌肉白色至浅棕色，由无数菌管构成。菌柄侧生，长 7-15 厘米，粗约 1-3.5 厘米，红褐色至紫褐色，有漆样光泽。菌管内有多数孢子，孢子细小，黄褐色。

紫芝的皮壳紫黑色，有漆样光泽。菌肉锈褐色。菌柄长 17-23 厘米。

‖ 药用部位

‖ 中药炮制

全年采收，除去杂质，剪除附有朽木、泥沙或培养基质的下端菌柄，阴干或在 40~50℃烘干。

中医里说——

补气安神，止咳平喘。用于心神不宁，失眠心悸，肺虚咳喘，虚劳短气，不思饮食。《本草纲目》记载灵芝："苦、平、无毒、益心气、入心充血、助心充脉、安神、益肺气。补中、增智慧、好颜色、利关节、活血、坚筋骨、祛痰、健胃。"

‖ 传说故事

灵芝的名字是由《山海经》中的一个传说而来的，这个美丽动人的传说是这样的：我们的祖先炎帝有个美丽善良的女儿，名叫瑶姬，炎帝很宠爱这个女儿，但可惜的是瑶姬在很小的时候就死了，死后她的灵魂化作仙草——灵芝，有诗为证："帝之季女，名曰瑶姬。未行先亡，封于巫山之台。精魂为草，实曰灵芝。"

我们耳熟能详的白娘子盗仙草救夫的故事，是说有条白蛇经过千年的修炼，终于得道成仙修成人形，她来到人间，爱上了书生许仙，并与之结为夫妻。但在端午节这天，白娘子受不了酷热和雄黄药酒的力量，现出了原形，吓死了夫君许仙。恢复人形后的白娘子悲痛欲绝，发誓一定要救活丈夫许仙。她听说峨眉山长有一种仙草——灵芝，能让人起死回生，她不畏艰险，只身来到千里之外的峨眉山，盗得救命的仙草灵芝，救活了许仙。

小知识

灵芝甘平，归心、肝、肺经，有安神补虚，止咳祛痰的功效，可以治疗心神不安，心悸失眠。灵芝孢子是灵芝在生长成熟期，从灵芝菌褶中弹射出来的极其微小的卵形生殖细胞，即灵芝的种子。每个灵芝孢子只有4–6微米，是活体生物体，双壁结构，外被坚硬的几丁质纤维素所包围，人体很难充分吸收，破壁后更适合人体肠胃直接吸收。灵芝孢子粉具提高免疫力、保肝、降血脂和降血压等功效。

互动笔记

灵芝的传说十分神奇，它的样子也仙气十足，你也试着画一画灵芝吧。

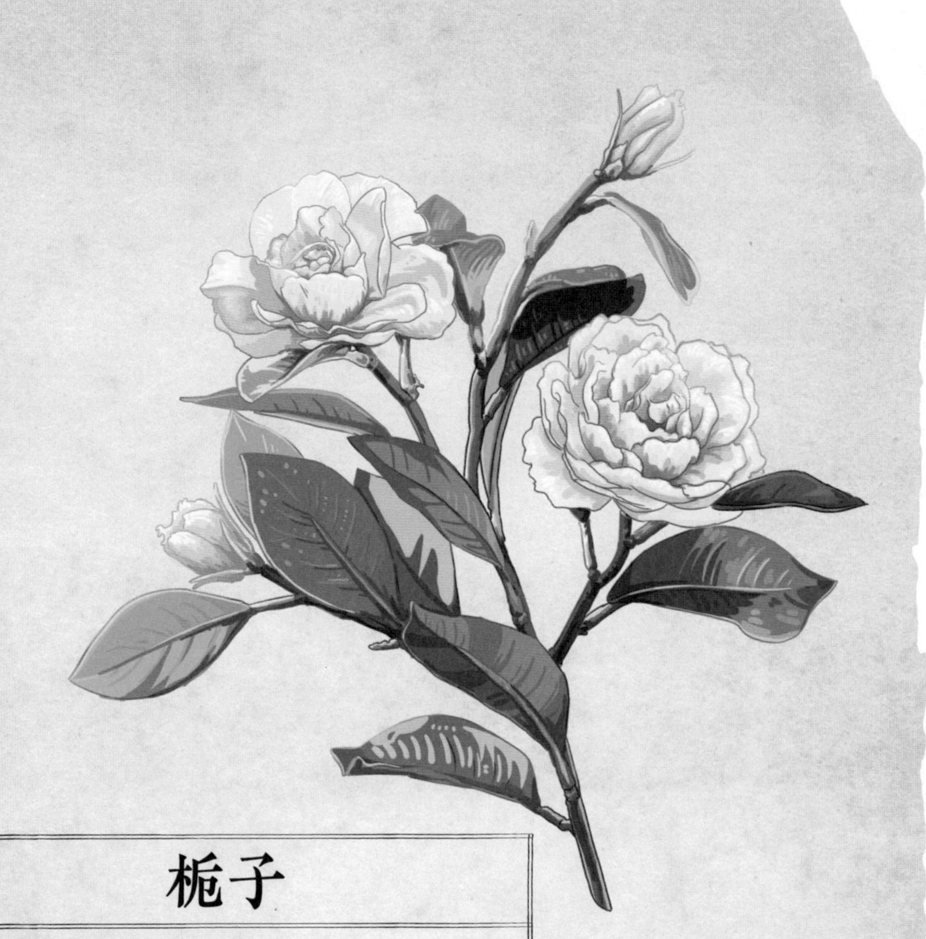

栀子

植物名 | 栀子
拉丁名 | *Gardenia jasminoides* Ellis
常见品种 | 单瓣栀子、重瓣栀子

目 | 龙胆目　　　花期 | 3–7 月
科 | 茜草科　　　果期 | 5 月至翌年 2 月
属 | 栀子属

生长在 |
产于山东、江苏、安徽、浙江、江西、福建、台湾、湖北、湖南、广东、香港、广西、海南、四川、贵州和云南，河北、陕西和甘肃有栽培。

仔细观察

栀子为灌木，高可达3米；嫩枝常被短毛，枝圆柱形，灰色。叶对生，革质，稀为纸质，少为3枚轮生，叶形多样，通常为长圆状披针形、倒卵状长圆形、倒卵形或椭圆形，长3–25厘米，宽1.5–8厘米，顶端渐尖、骤然长渐尖或短尖而钝，基部楔形或短尖，两面常无毛，上面亮绿，下面色较暗；侧脉8–15对，在下面凸起，在上面平；叶柄长0.2–1厘米；托叶膜质。

花芳香，通常单朵生于枝顶，花梗长3–5毫米；萼管倒圆锥形或卵形，长8–25毫米，有纵棱，萼檐管形，膨大，顶部5–8裂，通常6裂，裂片披针形或线状披针形，长10–30毫米，宽1–4毫米，结果时增长，宿存；花冠白色或乳黄色，高脚碟状，喉部有疏柔毛，冠管狭圆筒形，长3–5厘米，宽4–6毫米，顶部5至8裂，通常6裂，裂片广展，倒卵形或倒卵状长圆形，长1.5–4厘米，宽0.6–2.8厘米；花丝极短，花药线形，长1.5–2.2厘米，伸出；花柱粗厚，长约4.5厘米，柱头纺锤形，伸出，长1–1.5厘米，宽3–7毫米，子房直径约3毫米，黄色，平滑。

果卵形、近球形、椭圆形或长圆形，黄色或橙红色，长1.5–7厘米，直径1.2–2厘米，有翅状纵棱5–9条，顶部的宿存萼片长达4厘米，宽达6毫米；种子多数，扁，近圆形而稍有棱角，长约3.5毫米，宽约3毫米。

药用部位

中药炮制

9–11月果实成熟呈红黄色时采收，除去果梗和杂质，蒸至上气或置沸水中略烫，取出，干燥。

中医里说——

栀子泻火除烦，清热利湿，凉血解毒；外用消肿止痛。用于热病心烦，湿热黄疸，淋证涩痛，血热吐衄，目赤肿痛，火毒疮疡；外治扭挫伤痛。味苦，寒、大寒，无毒。主五内邪气，胃中热气，面赤，酒渣鼻，白癞，赤癞，疮疡，疗目热赤痛，胸心大小肠大热，心中烦闷，胃中热气。一名木丹，一名越桃。

‖ 传说故事

栀子花原是天上七仙女之一，她憧憬人间的美丽，就下凡变为一棵花树。一位年轻的农民，孑身一人，生活清贫，在田埂中看到了这棵小树，不忍伤它，种田之余对这棵小树百般呵护。小树生机盎然，到了春天开了许多洁白美丽的花朵。为了报答主人的恩情，栀子花仙女白天为农民洗衣做饭，晚上回到树上花香四溢。周围的村民们闻见花香，都前来观赏，也都想在自家种上一棵栀子花树。于是从此以后，这里的家家户户都种起了栀子花。后来得知栀子花是仙女的化身，于是女人们个个发髻上都插着栀子花，想让自己变得像栀子花仙女一样洁白美丽。真是花开遍地，香满人间。

小知识

栀子含栀子苷、羟异栀子苷、山栀苷等多种环烯醚萜苷类。干燥成熟果实是常用中药，能清热利尿、泻火除烦、凉血解毒、散瘀。成熟果实中提取的栀子黄色素可用作染料，广泛应用于化妆品、食品行业中。栀子黄色素作为染料，具有耐光、耐热、耐酸碱性、无异味等特点。栀子花可提制芳香浸膏，用作花香型化妆品、香皂和香精的调合剂。

栀子花大、美丽、芳香，可用作盆景植物，广植于庭园供观赏。

荷叶

植物名 | 莲

拉丁名 | *Nelumbo nucifera* Gaertn.

别名 | 荷花、菡萏（hàn dàn）、芙蓉、芙蕖（qú）

目 | 山龙眼目　　花期 | 6-8 月

科 | 莲科　　果期 | 8-10 月

属 | 莲属

生长在 |

产于我国南北各省。自生或栽培在池塘或水田内。苏联、朝鲜、日本、印度、越南、亚洲南部和大洋洲均有分布。

仔细观察

荷花的学名叫莲，是多年生水生草本；根状茎横生，肥厚，节间膨大，内有多数纵行通气孔道，节部缢缩，上生黑色鳞叶，下生须状不定根。

叶圆形，盾状，直径25–90厘米，全缘稍呈波状，上面光滑，具白粉，下面叶脉从中央射出，有1–2次叉状分枝；叶柄粗壮，圆柱形，长1–2米，中空，外面散生小刺。

花梗和叶柄等长或稍长，也散生小刺；花直径10–20厘米，美丽，芳香；花瓣红色、粉红色或白色，矩圆状椭圆形至倒卵形，长5–10厘米，宽3–5厘米，由外向内渐小，有时变成雄蕊，先端圆钝或微尖；花药条形，花丝细长，着生在花托之下；花柱极短，柱头顶生；花托（莲房）直径5–10厘米。

坚果椭圆形或卵形，长1.8–2.5厘米，果皮革质，坚硬，熟时黑褐色；种子（莲子）卵形或椭圆形，长1.2–1.7厘米，种皮红色或白色。

药用部位

中药炮制

夏、秋二季采收，晒至七八成干时，除去叶柄，折成半圆形或折扇形，干燥。喷水，稍润，切丝，干燥。

中医里说——

荷叶清暑化湿，升发清阳，凉血止血。用于暑热烦渴，暑湿泄泻，脾虚泄泻，血热吐衄，便血崩漏。荷叶炭收涩化瘀止血，用于出血症和产后血晕。《神农本草经》记载：“主补中，养神，益气力。”《本草纲目》中记载：“生发元气，裨助脾胃，涩精浊，散淤血，消肿痛，发痘疮。”

‖ 传说故事

荷花，在传说中是王母娘娘身边的一位美貌侍女——玉姬的化身。当初玉姬看见人间佳偶成双成对，男耕女织，十分羡慕，动了凡心。于是在河神女儿的陪伴下逃出天宫，来到杭州的西子湖畔。西湖秀丽的风光让玉姬流连忘返，忘情地在湖中嬉戏，久久舍不得离开。王母娘娘知道后，用莲花宝座将玉姬打入湖中，并让她“沉入淤泥，永世不得再登南天门”。从此，天宫中少了一位美貌的侍女，而人间多了一种玉肌水灵的鲜花。

小知识

荷叶为睡莲科莲的叶子，分布于我国南北各省，一般夏、秋两季采集，可以干燥后入药，亦可鲜用。荷叶含有多种生物碱化合物、黄酮类化合物、有机酸类化合物、挥发油类化合物及多种微量元素。

莲的干燥成熟种子为另一味中药，名为“莲子”。具有补脾止泻，止带，益肾涩精，养心安神之功效。所含的莲子碱、异莲心碱有显著的作用。从莲子心提取的莲子碱有强而持久的降压作用，对治疗高血压有一定效果。莲全身都是宝，据《本草纲目》记载，荷花、莲子、莲衣、莲房、莲须、莲子心、荷叶、荷梗、藕节等均可药用。荷花能活血止血、去湿消风、清心凉血、解热解毒。莲须能清心、益肾、涩精、止血、解暑除烦，生津止渴。藕节、荷叶、荷梗、莲房、雄蕊及莲子都富有鞣质，作收敛止血药。

菊花

植物名 | 菊花

拉丁名 | *Chrysanthemum morifolium* Ramat.

别名 | 黄华、寿客、金英

目 | 菊目　　　花期 | 9-11 月

科 | 菊科

属 | 菊属

仔细观察

菊花为多年生草本，高60-150厘米。茎直立，分枝或不分枝，被柔毛。

叶互生，有短柄，叶片卵形至披针形，长5-15厘米，羽状浅裂或半裂，基部楔形，下面被白色短柔毛，边缘有粗大锯齿或深裂，基部楔形，有柄。

头状花序单生或数个集生于茎枝顶端，直径2.5-20厘米，大小不一，单个或数个集生于茎枝顶端；因品种不同，差别很大。总苞片多层，外层绿色，条形，边缘膜质，外面被柔毛；舌状花白色、红色、紫色或黄色。花色则有红、黄、白、橙、紫、粉红、暗红等各色，培育的品种极多，头状花序多变化，形色各异，形状因品种而有单瓣、平瓣、匙瓣等多种类型，当中为管状花，常全部特化成各式舌状花；花期9-11月。雄蕊、雌蕊和果实多不发育。

药用部位

中药炮制

花盛开时分批采收，阴干或焙干，或熏、蒸后晒干。药材按产地和加工方法不同，分为“亳菊”“滁菊”“贡菊”“杭菊”“怀菊”。

中医里说——

菊花散风清热，平肝明目，清热解毒。用于风热感冒，头痛眩晕，目赤肿痛，眼目昏花，疮痈肿毒。《神农本草经》记载：“菊花久服，利血气、轻身、耐老、延年。”《本草纲目》记载：“其苗可蔬：叶可嚼，花可饵，根实可药，囊之可枕，酿之可饮，自本至末，罔不有功。”

‖ 传说故事

我国历史上流传着不少名人与菊花的趣闻逸事，苏东坡与王安石的“黄州菊案”便是其中之一。

王安石做宰相时，苏东坡因政见不合与王安石素有嫌隙，因而由翰林学士贬为湖州刺史。三年任满，苏东坡回京向王安石述职，恰好王安石外出未归，苏东坡一人坐在王安石书房内，见书桌砚台下压一诗笺，中有两句：“西风昨夜过园林，吹落黄花满地金。”苏东坡见诗大笑，自思菊性颇强，敢与秋霜相抗，谁见过菊花落英？一时诗兴大发，自作聪明续写两句：“秋花不比春花落，说与诗人仔细吟。”因久候王安石不归，苏东坡便回到寓所。

晚间王安石回来，看见了桌上的续诗，听家人说是苏东坡写的。王安石大怒，把苏东坡贬为黄州团练副使。苏东坡忍气吞声就任团练副使，平日里倒也颇为清闲，与名士陈季常为友，终日游山玩水，饮酒赋诗。这年秋天到了，黄菊盛开。苏东坡约陈季常同往山中赏菊。来到山间一看，只见黄色菊花纷纷落地，真似铺上了满地黄金。苏东坡一拍脑袋，恍然大悟。陈季常问明缘故，笑道：“花木各地不同，黄州的菊花是经秋风而落瓣的。”苏东坡方知王安石为了续诗笑他，故意把他贬到黄州叫他看看“吹落黄花满地金”。

小知识

菊花中含有挥发油、菊甙、腺嘌呤、氨基酸、胆碱、水苏碱、小檗碱、黄酮类、菊色素、维生素，微量元素等物质，可抗病原体，增强毛细血管抵抗力；其中的类黄酮物质已经被证明对自由基有很强的清除作用，而且在抗氧化、防衰老等方面卓有成效。《本草纲目》中有“菊之品九百种”的记载，其中以杭菊、亳菊、滁菊、怀菊最为有名。

互动笔记

菊花有很多种类，有杭白菊，有黄菊，有波斯菊，都非常好看，如果你遇到了，记得拍一拍贴在这里。

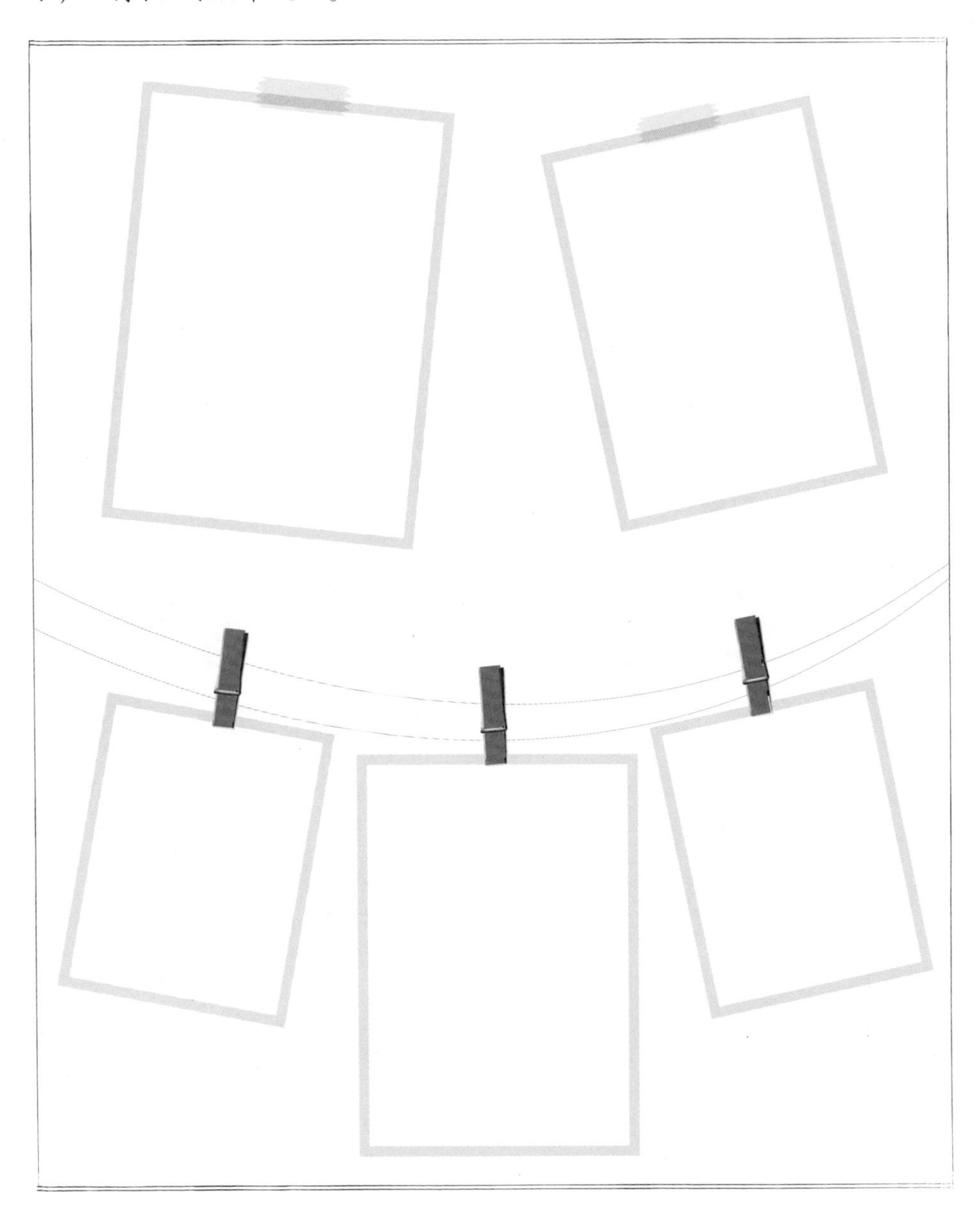

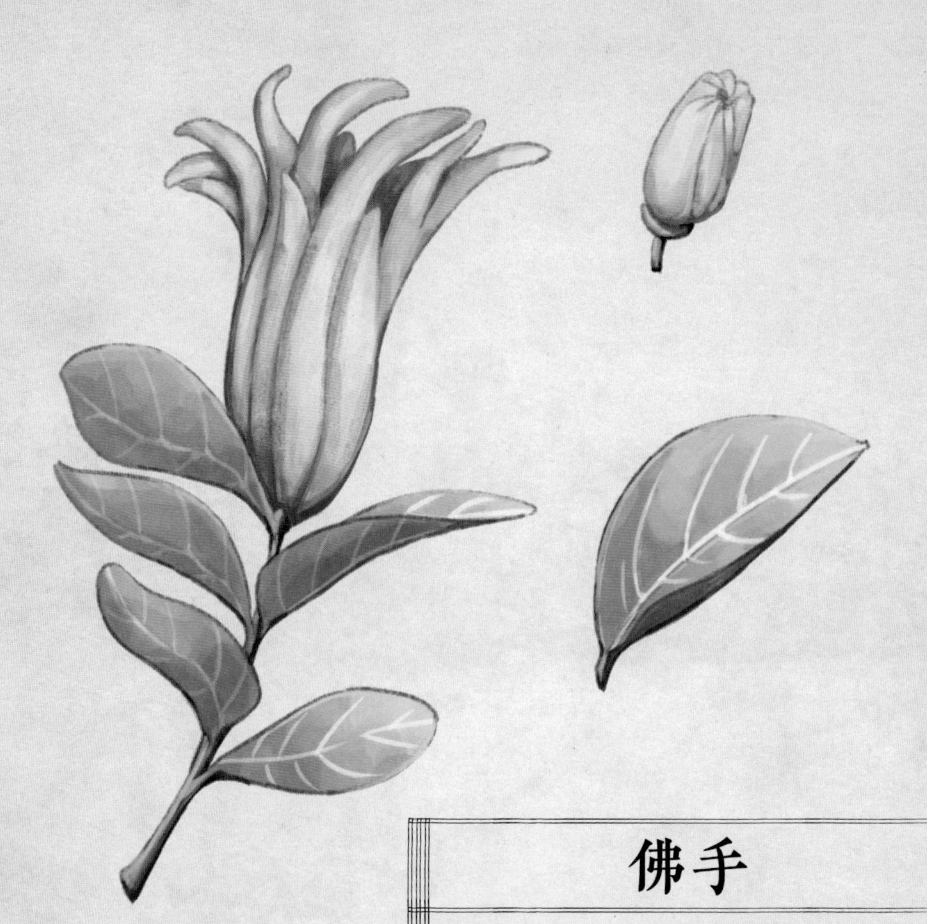

佛手

植物名 | 佛手

拉丁名 | *Citrus medica* ‘Fingered’

别名 | 佛手柑、五指橘、密罗柑

目 | 无患子目　　花期 | 3-4月

科 | 芸香科　　果期 | 9-10月

属 | 柑橘属

仔细观察

佛手果实在成熟时各心皮分离，形成细长弯曲的果瓣，状如手指，故名佛手。常绿灌木或小乔木，高达丈余，茎叶基有长约6厘米的硬锐刺，新枝三棱形。单叶互生，长椭圆形，有透明油点。花多在叶腋间生出，常数朵成束，其中雄花较多，部分为两性花，花冠五瓣，白色微带紫晕，春分至清明第一次开花，常多雄花，结的果较小，另一次在立夏前后，9-10月成熟，果大供药用，皮鲜黄色，皱而有光泽，肉白，无种子。

药用部位

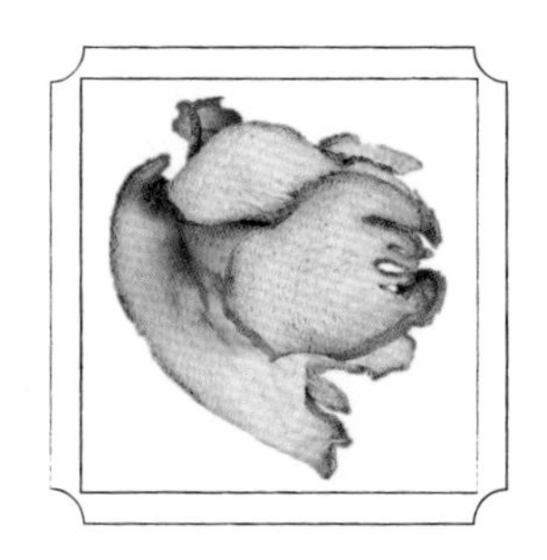

中药炮制

秋季果实尚未变黄或变黄时采收，纵切成薄片，晒干或低温干燥。

中医里说——

佛手疏肝理气，和胃止痛，燥湿化痰。用于肝胃气滞，胸胁胀痛，胃脘痞满，食少呕吐，咳嗽痰多。《本草纲目》记载："煮酒饮，治痰气咳嗽。煎汤，治心下气痛。"《本草再新》记载："治气舒肝，和胃化痰，破积，治噎膈反胃，消症瘕瘰疬。"《本草便读》记载："佛手，理气快膈，惟肝脾气滞者宜之，阴血不足者，亦嫌其燥耳。"

‖ 传说故事

很久很久以前，金华罗店一座高山下，住着母子二人。母亲年老久病，终日自觉胸腹胀闷不舒。儿子为了给母亲治病，四处求医无效。一天夜里，儿子梦见一位美丽的仙女，赐给他一只犹如仙女的手一样的果子，拿给母亲一闻，母亲的病就好了。可是，醒来一看，母亲病情依旧，原来只是一场梦。不过，儿子对梦境中的事情深信不疑，他下决心要找到梦中见到的那种果子。于是，儿子每天翻山越岭，白天出门，晚上回家。一天，他坐在岩石上歇息时，突然看见一只美丽的仙鹤，一边舞一边唱起了歌："金华山上有金果，金果能救你家母。明晚子时山门口，大好时机莫错过。"

第二天午夜，儿子爬上金华山顶的山门，只见金花遍地，金果满枝。一位美丽的女子飘然而来，儿子定睛一看，正是他梦中所见的仙女。仙女说道："你的孝心感人，今送你天橘一只，可治好你母亲的病。"儿子感激不尽，恳求仙女再赐给他一株天橘苗，以便世间再无人受这样的病痛。仙女满足了他的要求。

儿子回来后，将天橘给母亲服用，母亲胸腹胀闷的症状很快就消失了。仙女赐给的天橘苗经过辛勤培植，几年间便长满了整个山村。村里的乡亲们，知道了这果子的妙处，都认为，这位仙女就是救世菩萨，天橘像菩萨的玉手，因此称之为"佛手"。

小知识

佛手含挥发油、香豆素类等化合物，具有芳香气味，可以提取精油。佛手精油香气浓郁，能直接涂抹在皮肤表面用于护肤，也能用来做香薰，具有调节情绪，缓解疲劳的功效。由于佛手果实形状奇特美观、色泽金黄秀丽、芳香浓郁，观果期达3–4个月之久，是优良的观赏植物，所以可用作盆栽观赏。

胖大海

植物名 | 胖大海
拉丁名 | *Scaphium lychnophorum* Hance

目 | 锦葵目　　花期 | 3月
科 | 锦葵科　　果期 | 4-6月
属 | 胖大海属

生长在 |
主产越南、泰国、印度尼西亚和马来西亚等国家。近年在广东、海南及广西有少量引种。

仔细观察

胖大海为落叶乔木，高30−40米。树皮粗糙有细条纹。单叶互生，叶片革质，卵圆或椭圆状披针形，长10−20厘米，宽6−14厘米，3裂，中裂片较长，两侧裂片的长约为中裂片的1/2或稍长，先端钝或锐尖，基部圆形或近截形，全缘或微波状，上面绿色，光滑无毛，下面灰绿色，叶柄5−15厘米，粗壮。圆锥花序顶生或腋生，花杂性同株；花萼钟状，长0.7−1厘米，先端5深裂，裂片披针形，外面被星状柔毛；花瓣缺；雄花具雄蕊10−15枚，花药及花丝均具柔毛，不育心皮被短柔毛；雌花具雌蕊1枚，由5个被短柔毛的心皮组成，具1纤细子房柄，柱头2−5裂，退化雄蕊为1簇无花丝的花药，环绕子房。果1−5个，着生于果梗上，长18−24厘米，基部宽5−6厘米，先端长渐尖，呈小舟状，成熟时开裂，初被疏柔毛，后脱落。种子棱形或倒卵形，长1.8−2.8厘米，深黑褐色，表面具皱纹。

药用部位

中药炮制

除去杂质，筛去泥沙。

中医里说——

清热润肺，利咽开音，润肠通便。用于肺热声哑，干咳无痰，咽喉干痛，热结便闭，头痛目赤。《本草纲目拾遗》记载："治火闭痘，并治一切热症劳伤吐衄下血，消毒去暑，时行赤眼，风火牙疼，虫积下食，痔疮漏管，干咳无痰，骨蒸内热，三焦火症。"

‖ 传说故事

传说在古代，有个叫庞大海的青年人，经常跟着叔父坐船从海上到古安南（今越南）大洞山采药。大洞山有一种神奇的青果能治喉病，给喉症病人带来了福音，但大洞山上有许许多多毒蛇猛兽出没，一不小心就会丧命。庞大海很懂事，深知穷人的疾苦，他和叔父用采回来的药给穷人治病少收或不收钱，穷人对大海叔侄非常感激。有一次叔父病了，大海一人到安南大洞山采药，几个月都不见回来，父老乡亲们不知出了什么事。等叔父病好了，便到安南大洞山了解缘由。回来之后，叔父悲痛地说："庞大海采药时，被白蟒吃掉了。"大海的父母听了大哭，邻友们跟着伤心流泪，说他们为百姓而死，大家会永远记住他，便将这种青果改称"庞大海"，又由于这种青果子圆圆的，看着像个大胖子，渐渐就被人叫成了"胖大海"。

小知识

胖大海为喉科常用之药。具有清热润肺，利咽开音，润肠通便的功效。用于肺热声哑，干咳无痰，咽喉干痛，热结便闭，头痛目赤。胖大海长于利咽开音，用于治疗声音嘶哑。配伍蝉蜕治疗肺气不宣之失音；配伍黄芪、党参治疗肺气不足之声音嘶哑、失音；配伍麦冬、玄参治疗肺阴不足之声音嘶哑、失音；配伍甘草治疗咽喉肿痛。

胖大海虽为药食两用中药，但其性寒，不宜大量长期服用。胖大海平时最常见的用法就是直接泡水喝。

互动笔记

胖大海经常用来润喉护嗓，问问爸爸妈妈，找找家里有什么药的成分中有胖大海呢？注意，药可不能随便乱吃哦！

小茴香

植物名 | 茴香

拉丁名 | *Foeniculum vulgare* Mill.

目 | 伞形目　　花期 | 5-6 月

科 | 伞形科　　果期 | 7-9 月

属 | 茴香属

生长在 |

原产地中海地区。我国各省区都有栽培。

仔细观察

茴香为草本植物，高0.4–2米。茎直立，光滑，灰绿色或苍白色，多分枝。较下部的茎生叶柄长5–15厘米，中部或上部的叶柄部分或全部成鞘状，叶鞘边缘膜质；叶片轮廓为阔三角形，长4–30厘米，宽5–40厘米，4–5回羽状全裂，末回裂片线形，长1–6厘米，宽约1毫米。复伞形花序顶生与侧生，花序梗长2–25厘米；伞辐6–29，不等长，长1.5–10厘米；小伞形花序有花14–39；花柄纤细，不等长；无萼齿；花瓣黄色，倒卵形或近倒卵圆形，长约1毫米，先端有内折的小舌片，中脉1条；花丝略长于花瓣，花药卵圆形，淡黄色；花柱基圆锥形，花柱极短，向外叉开或贴伏在花柱基上。果实长圆形，长4–6毫米，宽1.5–2.2毫米，主棱5条，尖锐；每棱槽内有油管1，合生面油管2；胚乳腹面近平直或微凹。

药用部位

中药炮制

秋季果实初熟时采割植株，晒干，打下果实，除去杂质。

中医里说——

小茴香散寒止痛，理气和胃。用于寒疝腹痛，睾丸偏坠，痛经，少腹冷痛，脘腹胀痛，食少吐泻。《日华子本草》记载："得酒良。治干湿脚气，并肾劳，颓疝气，开胃下食，治膀胱痛，阴疼。入药炒。"《本草纲目》记载："小茴香性平，理气开胃，食料宜之。大茴香性热，多食伤目，发疮，食料不宜过用。"

‖ 传说故事

清朝末年，俄罗斯富商米哈伊洛夫乘船游览杭州西湖，正当他尽情欣赏秀丽风光之时，突然疝气发作，痛得他捧腹大叫。这时，随行的俄罗斯医生束手无策，幸好船夫向他推荐了一位老中医。老中医用小茴香一两，研成粗末，让米哈伊洛夫用二两浙江绍兴黄酒送服，过了不到一个钟头，他的疝痛奇迹般地减轻，并很快消失。得知自己的疼痛是被小茴香治好，米哈伊洛夫大呼神奇，此事一时也被传为佳话。

小知识

小茴香的主要成分是蛋白质、脂肪、膳食纤维、茴香脑、小茴香酮、茴香醛等。其香气主要来自茴香脑、茴香醛等香味物质。是集医药、调味、食用、化妆于一身的多用植物。嫩茎、叶作蔬菜、馅食，茴香果实中含茴香油2.8%，茴香脑50–60%，a–茴香酮18–20%，甲基胡椒粉10%及a–蒎烯双聚戊烯、茴香醛、莰烯等。胚乳中含脂肪油约15%，蛋白质、淀粉糖类及粘液质等约85%。小茴香可作香料，常用于肉类、海鲜及烧饼等面食的烹调。

覆盆子

植物名 | 覆盆子

拉丁名 | *Rubus chingii* Hu.

目 | 蔷薇目　　花期 | 3-4 月

科 | 蔷薇科　　果期 | 5-6 月

属 | 悬钩子属

生长在 |

产江苏、安徽、浙江、江西、福建、广西。生低海拔至中海拔地区，在山坡、路边阳处或阴处灌木丛中常见。日本有分布。

仔细观察

藤状灌木，高 1.5–3 米；枝细，具皮刺，无毛。单叶，近圆形，直径 4–9 厘米，两面仅沿叶脉有柔毛或几无毛，基部心形，边缘掌状，深裂，稀 3 或 7 裂，裂片椭圆形或菱状卵形，顶端渐尖，基部狭缩，顶生裂片与侧生裂片近等长或稍长，具重锯齿，有掌状 5 脉；叶柄长 2–4 厘米，微具柔毛或无毛，疏生小皮刺；托叶线状披针形。单花腋生，直径 2.5–4 厘米；花梗长 2–3.5（4）厘米，无毛；萼筒毛较稀或近无毛；萼片卵形或卵状长圆形，顶端具凸尖头，外面密被短柔毛；花瓣椭圆形或卵状长圆形，白色，顶端圆钝，长 1–1.5 厘米，宽 0.7–1.2 厘米；雄蕊多数，花丝宽扁；雌蕊多数，具柔毛。果实近球形，红色，直径 1.5–2 厘米，密被灰白色柔毛；核有皱纹。

药用部位

中药炮制

夏初果实由绿变绿黄时采收，除去梗、叶，置沸水中略烫或略蒸，取出，干燥。

中医里说——

覆盆子益肾固精缩尿，养肝明目。用于遗精滑精，遗尿尿频，目暗昏花。《本草纲目》记载："覆盆子、蓬蘽，功用大抵相近，虽是二物，其实一类而二种也。一早熟，一晚熟，兼用无妨。其补益与桑椹同功。若树莓则不可混采者也。"《本草经疏》记载："覆盆子，其主益气者，言益精气也。肾藏精、肾纳气，精气充足，则身自轻，发不白也。"

‖ 传说故事

著名道教理论家葛洪在江南德兴三清山修道时，常常帮助百姓，做些诊疗施救的善事。后因过度操劳，起夜增多，久治不愈，以致睡眠匮乏，精神不振。一天，葛洪上山寻药，至半山腰处，突然两脚踩空，滚下山去。醒来时，浑身刺痛，发现自己摔在了一堆小树丛中，四周被带刺的枝头包围了起来，枝头上有一些红彤彤的野果。葛洪摔下来，惊魂未定，正饥渴难耐，于是就摘了些许吃，觉得这果子味甘性平，酸酸甜甜，甚是好吃。如此这般，葛洪就采了一大捧回去。谁承想，葛洪当天夜里睡觉，起夜的次数明显减少。翌日，他又去采摘了些这种果子，几日之后，竟能踏实睡上一整夜了。葛洪大喜，又在附近的百姓当中试用几番，果然这野果效果神奇，对遗尿、尿频等均有奇效。百姓间都夸这果子：“服此仙果，晚上尿盆可以翻覆过来放了。”于是葛洪给这个新发现的野果赐名“覆盆子”。

小知识

覆盆子，为蔷薇科悬钩子属的木本植物，是一种水果，果实味道酸甜，植株的枝干上长有倒钩刺。覆盆子的果实是一种聚合果，有红色，金色和黑色，在欧美作为水果，在中国大量分布但少为人知，市场上比较少见。

覆盆子有较高的经济价值，其浆果含有丰富的脂肪、碳水化合物、矿物质、维生素、有机酸、糖等物质，易被人体吸收并有促进对其他营养物质的吸收和消化。其浆果每100克含有0.5–2.5毫克的水杨酸，可作为发汗剂，是治疗感冒、流感、咽喉炎的良好降热食品。根浸酒可作为舒筋活血、消炎退肿的药剂，茎叶煎水可洗痔疮等。果实还富含挥发性的具防腐作用的抗生素物质。覆盆子果实酸甜可口，有“黄金水果”的美誉，还有补肝益肾、明目乌发的功效。另外，用覆盆子叶制成的茶还有调经养颜，以及收敛止血的效果。

互动笔记

覆盆子是很常见的水果了，还有一些水果跟它长得很相似，下次去超市的时候记得找一找，和覆盆子很像的水果有哪些呢？记录在下面吧。

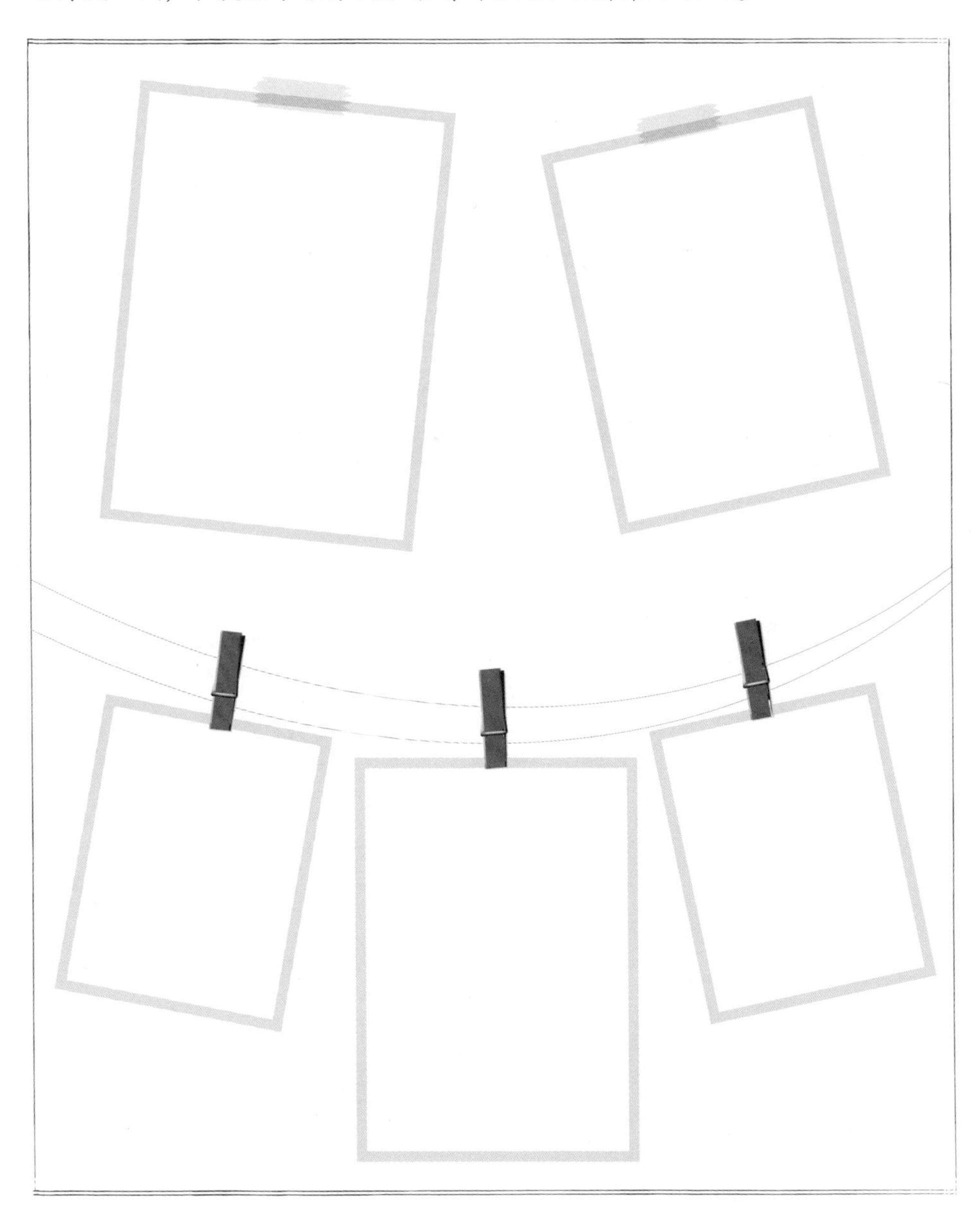

槐花

植物名 | 槐

拉丁名 | *Sophorajaponica* L.

目 | 豆目　　花期 | 6–7 月

科 | 豆科　　果期 | 8–10 月

属 | 槐属

生长在 |

在我国北部、黄土高原有大量分布，日本、朝鲜、越南也有种植。

仔细观察

圆锥花序顶生，常呈金字塔形，长达30厘米；花梗比花萼短；小苞片2枚，形似小托叶；花萼浅钟状，长约4毫米，萼齿5，近等大，圆形或钝三角形，被灰白色短柔毛，萼管近无毛；花冠白色或淡黄色，旗瓣近圆形，长和宽约11毫米，具短柄，有紫色脉纹，先端微缺，基部浅心形，翼瓣卵状长圆形，长10毫米，宽4毫米，先端浑圆，基部斜戟形，无皱褶，龙骨瓣阔卵状长圆形，与翼瓣等长，宽达6毫米；雄蕊近分离，宿存；子房近无毛。荚果串珠状，长2.5–5厘米或稍长，径约10毫米，种子间缢缩不明显，种子排列较紧密，具肉质果皮，成熟后不开裂，具种子1–6粒；种子卵球形，淡黄绿色，干后黑褐色。

药用部位

中药炮制

夏季花开放时采收，及时干燥，除去枝、梗及杂质。

中医里说——

槐花凉血止血，清肝泻火。用于便血，痔血，血痢，崩漏，吐血，衄血，肝热目赤，头痛眩晕。《神农本草经》记载：“味苦，寒。主治五内邪气热，止涎唾，补绝伤，治五痔，火疮，妇人乳瘕，子脏急痛。久服明目，益气，头不白。”《名医别录》记载：“味酸，咸，无毒。以比月七日取之，捣取汁，铜器盛之，日煎，令可作丸，大如鼠矢，内窍中，三易乃愈。”《本草纲目》记载：“槐花味苦、色黄、气凉，阳明，厥阴血分药也。故所主之病，多属二经。炒香频嚼，治失音及喉痹，又疗吐血衄血，崩中漏下。”

传说故事

传说在渭水河畔，有户人家，父亲带着儿子长年在外做工，家中只剩下母亲黄氏和媳妇巧珍。黄氏患有痔疮，巧珍在家孝敬婆婆，一人操持着家务。时年旱灾，巧珍四处寻找野菜充饥度荒，正巧沿路看见了许多槐树，闻见槐花飘香，便采集了一些槐花连同野菜带回了家。回到家，巧珍将野菜和沿路捡到的粗粮，还有些许槐花，一并熬成了粥，给婆婆充饥。没想到婆婆黄氏喝了有槐花的粥，痔疮疼痛减轻了。就这样一连喝了好几天，婆婆的出血也停止了，痔疮渐渐痊愈。

小知识

槐花在中医里是一味主治肠风便血、痔血、血痢、尿血、吐血等症的药材。槐花味苦性平，具有清热、凉血、止血、降压的功效，一些身体上的出血症都可以用它来治疗，多作为治疗便血的常用药。

槐花还可以驱虫和治疗咽炎。在一些地区，槐花被制成食物，有槐花荆芥饮、槐菊茶、大黄槐花蜜饮、马齿苋槐花粥等，甚至用来清蒸鱼。以槐花为食材可以给身体带来健康，但是由于槐花性凉，所以平常脾胃虚寒的人要慎食。

槐花的做法有很多种，可以槐花炒鸡蛋，可以蒸槐花，还能做成槐花饼、槐花糕，槐花焖饭以及槐花煲粥、煲汤等等。同时，槐花还能给糕点做辅料，添加在糕点中，做饺子馅、包子馅，能够让食品变得更加的香甜。

干的槐花可以作为茶来泡水喝，用它作为茶泡水喝具有凉血止血，清肝泻火的功能，而且还能够起到抗炎的作用，同时能够清热解毒，凉血润肺，降血压，软化血管，预防中风的功效。槐花对于大便干燥，便秘、便血痔疮的人群，也是起作用的。同时对于咽喉炎，口腔炎等患者也有一定的功效，但是这并不是说槐花茶就适合所有的人饮用，对于那些身体体质差，本身就身子虚弱的人，是不适合饮用槐花茶的。

互动笔记

槐树是常见的道旁树，槐花盛开的时候，一片洁白素雅，宛如梦幻。有机会遇见了，一定要拍照记录下来哦！

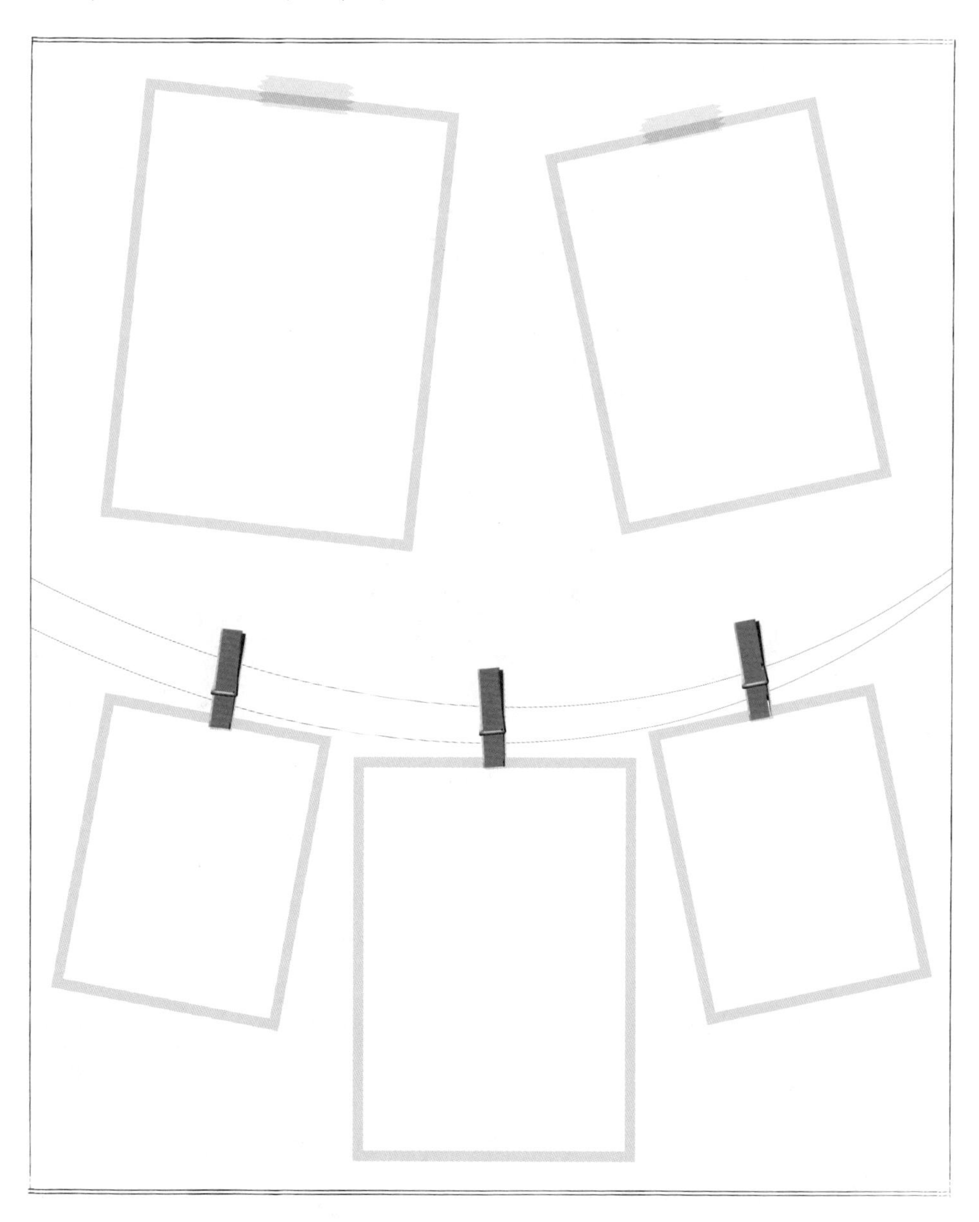

葛根

植物名 | 野葛

拉丁名 | *Pueraria lobata*（Willd.）Ohwi

目 | 豆目　　花期 | 9–10 月

科 | 豆科　　果期 | 11–12 月

属 | 葛属

生长在 |

产我国南北各地，除新疆、青海及西藏外，分布几遍全国。生于山地疏或密林中。东南亚至澳大利亚亦有分布。

仔细观察

粗壮藤本，长可达8米，全体被黄色长硬毛，茎基部木质，有粗厚的块状根。羽状复叶具3小叶；托叶背着，卵状长圆形，具线条；小托叶线状披针形，与小叶柄等长或较长；小叶三裂，偶尔全缘，顶生小叶宽卵形或斜卵形，长7–15（–19）厘米，宽5–12（–18）厘米，先端长渐尖，侧生小叶斜卵形，稍小，上面被淡黄色、平伏的蔬柔毛。下面较密；小叶柄被黄褐色绒毛。总状花序长15–30厘米，中部以上有颇密集的花；苞片线状披针形至线形，远比小苞片长，早落；小苞片卵形，长不及2毫米；花2–3朵聚生于花序轴的节上；花萼钟形，长8–10毫米，被黄褐色柔毛，裂片披针形，渐尖，比萼管略长；花冠长10–12毫米，紫色，旗瓣倒卵形，基部有2耳及一黄色硬痂状附属体，具短瓣柄，翼瓣镰状，较龙骨瓣为狭，基部有线形、向下的耳，龙骨瓣镰状长圆形，基部有极小、急尖的耳；对旗瓣的1枚雄蕊仅上部离生；子房线形，被毛。荚果长椭圆形，长5–9厘米，宽8–11毫米，扁平，被褐色长硬毛。

药用部位

中药炮制

秋、冬二季采挖，除去杂质，洗净，润透，切厚片，晒干。

中医里说——

葛根解肌退热，生津止渴，透疹，升阳止泻，通经活络，解酒毒。用于外感发热头痛，项背强痛，口渴，消渴，麻疹不透，热痢，泄泻，眩晕头痛，中风偏瘫，胸痹心痛，酒毒伤中。《本草纲目》记载："轻可去实，升麻、葛根之属。益麻黄乃太阳经药，兼入肺经，肺主皮毛。葛根乃阳明经药，兼入脾经，脾主肌肉。故二味药皆轻扬发散，而所入迥然不同也。"《神农本草经》记载："味甘，平。主治消渴，身大热，呕吐，诸痹，起阴气，解诸毒。"

‖ 传说故事

传说在东晋和平年间，著名的道教理论家葛洪带领弟子云游四方，寻找仙山福地修道炼丹。一日来到茅山抱朴峰，只见此处奇岩怪石林立，大山溶洞深幽，曲涧纵横交织，真可谓物华天宝，葛洪便率弟子在此结庐炼丹。话说这炼丹终日烟熏火燎，时间一长，寻常人受不住，葛洪的两位弟子因修行不深，毒火攻心，相继病倒。葛洪为解弟子的热毒，用了许多草药，效果却不理想。

葛洪终日思来想去，依旧没有解毒之法。一天夜里，葛洪梦见三清教祖，正要向他指点迷津。三清教祖对他说："此山长有一种青藤，其根如白茹，渣似丝麻，能榨出白液，略带甘甜，可清热解毒。"葛洪一觉醒来，方知得到提点，马上找来几名弟子，一同到山中寻找梦中提到的"青藤"。经数日苦寻，他们终于在一处山谷中见到一片古藤，那里野趣盎然，树挂藤枝。葛洪选中几株粗壮青藤，又掏了许多盘口粗的大藤根，带回了抱扑峰。葛洪按照梦中的指点，将藤根切成皮状，用锤敲碎，挤出白浆，让那两位病中的弟子服用。没几日，那两位弟子的病果真全好了。

从此，葛洪用此青藤疗疮解毒，根治头痛，解民间疾苦。世人为纪念此根为葛洪所发现，便将这青藤取名为"葛"，而葛的根块则称为"葛根"。

小知识

葛藤不但可以吃，还可以入药，在《神农本草经》《伤寒论》中都有记载，到现在也一直在用。在野外，如果人们受伤了，可以把葛藤的叶子敷在伤口，作救急用。同时葛藤还是很好的饲料，蛋白质、脂肪含量高，牲畜很爱吃。茎和叶可作饲草，干草含粗蛋白质16%左右，粗脂肪2.5%左右，粗纤维28%左右，可溶性碳水化合物35%左右，矿物质7%左右，尤其是钙质含量较高。根的淀粉含量较高，可达40%左右，提取后可供食用。茎蔓可作编织材料，韧皮部的纤维精制后可制绳或供纺织。

在中国的广东、广西、湖南、云南等地，有一种十分普遍的小吃叫葛根粉，它洁白、细嫩、入口凉滑，除含丰富的淀粉外，还含有维生素和矿物质，可以制成各种食品。葛根粉就是由当地的葛藤提炼出来的。从鲜葛根中提取的葛粉，质地洁白、细嫩，除富含大量淀粉外，还含有少量维生素和矿物质和多种生理性物质。

龙眼肉

植物名 | 龙眼
拉丁名 | *Dimocarpus longan* Lour.

目 | 无患子目　　花期 | 春夏之交
科 | 无患子科　　果期 | 夏季
属 | 龙眼属

生长在 |
我国西南部至东南部栽培很广，以福建最盛，广东次之；云南及广东、广西南部亦见野生或半野生于疏林中。亚洲南部和东南部也常有栽培。

仔细观察

常绿乔木，高通常10余米，间有高达40米、胸径达1米、具板根的大乔木；小枝粗壮，被微柔毛，散生苍白色皮孔。叶连柄长15–30厘米或更长；小叶4–5对，很少3或6对，薄革质，长圆状椭圆形至长圆状披针形，两侧常不对称，长6–15厘米，宽2.5–5厘米，顶端短尖，有时稍钝头，基部极不对称，上侧阔楔形至截平，几与叶轴平行，下侧窄楔尖，腹面深绿色，有光泽，背面粉绿色，两面无毛；侧脉12–15对，仅在背面凸起；小叶柄长通常不超过5毫米。花序大型，多分枝，顶生和近枝顶腋生，密被星状毛；花梗短；萼片近革质，三角状卵形，长约2.5毫米，两面均被褐黄色绒毛和成束的星状毛；花瓣乳白色，披针形，与萼片近等长，仅外面被微柔毛；花丝被短硬毛。果近球形，直径1.2–2.5厘米，通常黄褐色或有时灰黄色，外面稍粗糙，或少有微凸的小瘤体；种子茶褐色，光亮，全部被肉质的假种皮包裹。

药用部位

中药炮制

夏、秋二季采收成熟果实，干燥，除去壳、核，晒至干爽不黏。

中医里说——

补益心脾，养血安神。用于气血不足，心悸怔忡，健忘失眠，血虚萎黄。《神农本草经》记载："味甘、平。主治五脏邪气，安志厌食。久服强魂魄，聪察，通神明。"《名医别录》记载："无毒。除虫去毒。主治五脏邪气，安志厌食。除蛊毒，去三虫。久服强魂聪明，轻身不老，通神明。"《本草纲目》记载："食品以荔枝为贵，而资益则龙眼为良。盖资益则龙眼为良。盖荔枝性热，而龙眼性和平也。龙眼开胃益脾，补虚长智。"

‖ 传说故事

传说东江有一条恶龙，四处残害两岸百姓，当地人心惶惶。自从出现了这么一条恶龙，本来平和闲适的生活就没有一天安宁。

有一天，当人们在田里干活的时候，这条龙窜进村子，把一个孩子抓走了。一时间，人们都非常担心自家孩子的安全，就把孩子带到田里，一边干活，一边照看。但这条恶龙不肯罢休，竟提出无理的要求：要村子每年送一对童男童女给它吃，否则就要兴风作浪，把村子淹没。

正当村民束手无策，无力反抗之时，天上下来了几个神仙。原来玉皇大帝早就了解到江里恶龙的暴行，就从天庭派了几个神仙下界，要把恶龙抓上天庭问罪。任凭恶龙怎样厉害，可最终也敌不过神仙。神仙里有位雷神，一个霹雳就把恶龙的一只眼睛打了出来。恶龙吃痛不已，终于被擒，它的那一只眼睛刚好掉到东江附近的一口井里。

恶龙被除，村民们又恢复到往日安宁的生活中。过了一段时间，东江附近的那口井里居然长出了一棵树，树上结出来一颗颗黄壳的果实。一些大胆的人尝了尝这种果实，发现果壳拨开里面是晶莹剔透的果肉，果肉中央透着乌黑的果核，就像龙的眼睛。那果肉甜爽可口，村民们便把这些果实的种子种在东江两岸的山边上。不几年，就长成了一片茂盛的果园。为了纪念这段故事，后人就把这些果实称作“龙眼”，那口井便称作“龙眼井”，一直沿用到今天。

小知识

龙眼中含有丰富的蛋白质和葡萄糖，能够及时补充人体所需的能量，因而在人体出现疲劳的时候吃些龙眼可以起到补益作用。龙眼补益气血的功效主要得益于其中所含有的丰富铁元素，营养研究显示，每100克龙眼当中含有铁4.4毫克，而铁元素是人体当中血红蛋白生成所必需的元素，所以，对于贫血的人群来说，吃些龙眼可以起到补血的作用。

桂圆（龙眼干）含丰富的葡萄糖、蔗糖及蛋白质等，含铁量也较高，可在提高热能、补充营养的同时，又能促进血红蛋白再生以补血。对全身有补益作用外，对脑细胞特别有益，能增强记忆，消除疲劳。

桂圆是用新鲜的龙眼制作而成的，将新鲜的龙眼去皮去核后晒干，就是桂圆了。没有了新鲜龙眼的鲜嫩多汁，但是可以用来熬制汤水，防治多种疾病，更是养生保健的佳品。一般桂圆只有在干货市场或者是中药店出售。桂圆含有大量的铁、钾等元素，能促进血红蛋白的再生以治疗因贫血造成的心悸、心慌、失眠、健忘。桂圆中含烟酸高达 2.5 毫克（每 100 克），可用于治疗烟酸缺乏造成的皮炎、腹泻、痴呆，甚至精神失常等。

麦芽

植物名 | 大麦
拉丁名 | *Hordeum vulgare* L.

目 | 禾本目　　花期 | 4-5月
科 | 禾本科
属 | 大麦属

生长在 |
我国南北各地栽培。模式标本采自欧洲。

仔细观察

一年生。秆粗壮，光滑无毛，直立，高50-100厘米。叶鞘松弛抱茎，多无毛或基部具柔毛；两侧有两披针形叶耳；叶舌膜质，长1-2毫米；叶片长9-20厘米，宽6-20毫米，扁平。穗状花序长3-8厘米（芒除外），径约1.5厘米，小穗稠密，每节着生三枚发育的小穗；小穗均无柄，长1-1.5厘米（芒除外）；颖线状披针形，外被短柔毛，先端常延伸为8-14毫米的芒；外稃具5脉，先端延伸成芒，芒长8-15厘米，边棱具细刺；内稃与外稃几等长。颖果熟时粘着于稃内，不脱出。

药用部位

中药炮制

将麦粒用水浸泡后，保持适宜温、湿度，待幼芽长至约5毫米时，晒干或低温干燥。麦芽除去杂质。

中医里说——

麦芽行气消食，健脾开胃，回乳消胀。用于食积不消，脘腹胀痛，脾虚食少，乳汁郁积，乳房胀痛，妇女断乳，肝郁胁痛，肝胃气痛。生麦芽健脾和胃，疏肝行气，用于脾虚食少，乳汁郁积。炒麦芽行气消食、回乳，用于食积不消，妇女断乳。焦麦芽消食化滞，用于食积不消，脘腹胀痛。《本草纲目》记载："麦蘖、谷芽、粟蘖，皆能消导米面诸果食积。观造饧者用之，可以类推。但有积者能消化，无积而久服，则消人元气也，不可不知。若久服者，须同白术诸药兼用，则无害。"

‖ 传说故事

相传南宋高宗赵构亲生儿子早夭，只有两个养子赵瑗和赵昚。虽然是养子，但是赵构对他们也十分疼爱，他们每天锦衣玉食。其中赵瑗因为每天养尊处优得了一种怪病，他不喜欢吃东西也不爱玩耍，总感觉浑身无力。宫中的御医开了几个方子，但总是吃几付药病症就轻了，停几天不吃药就又重了，病症缠绵不去，弄得赵构心中大为恼火。

他听说民间的许仙医术高超，便召许仙和其妻白素贞进宫看病。许仙给赵瑗开了一付药，用神曲、麦芽、山楂、鸡内金、黄连、肉蔻、使君子、槟榔、木香等九味药研磨成粉末，与鲜猪肝汁一起制成小丸，让赵瑗服用，赵瑗服后效果非常好。

赵构很高兴，要留许仙在宫里当御医，但是许仙心系百姓不愿入朝为官，可他又不敢抗旨，只好找妻子白素贞商量。白素贞笑道："你不用急，明天面见圣上时，一切都交给我吧。"第二天在大殿上面见皇帝，赵构要封许仙做御医，白素贞道："皇上且慢，许仙医术平平不堪担此重任。"赵构不信，说："爱卿的药丸药到病除，怎么能说医术平平呢？"白素贞笑答："许仙的丸子虽好但是味道苦涩，太子是小孩子一定不喜欢服用，草民有一药方不仅甘甜可口，而且可以经常食用，让皇子不再犯病。"赵构奇道："竟有如此奇方？""不错，草民愿献出此方，只愿皇子康复后能让草民夫妻还乡。"赵构道："若有如此良药，朕当然答应你的要求。"白素贞道："这药也不难寻，只需成熟大麦水浸约一日，取其发的黄棕色短芽，以色黄、粒大、饱满、芽完整者为佳，煎服或研末服用均有效。此方不仅用于食积不化、脘闷腹胀、食欲不振，又可用于脾胃虚弱、乳房胀痛等症。”

赵构开始还不信，但是试着给赵琢服用后，果真疾病不再发作。于是赵构赏赐了许仙夫妻许多金银，让他们还乡。回到家乡后，夫妻俩就用皇帝赏赐的这些金银在宝芝林为贫苦人民义诊，救死扶伤，传为佳话。

小知识

麦芽就是用大麦成熟之后的果实经过干燥的食物，经过干燥之后的麦芽就成了一味中药材，具有很好的保健作用，在一般情况下，麦芽都是用来煮水或者泡水喝的。麦芽水对身体健康有很好的帮助，经常喝麦芽水有帮助消化、降血糖以及对产妇而言有催乳和回乳的作用。麦芽还可以做成麦芽糖供我们食用。经常食用麦芽糖，还可以养颜润肺止渴，对便秘的病人也有很好的帮助。麦芽在使用时，最好是不要烤焦，以免影响药效。

参考书目

武维华:《植物生理学》，科学出版社 2008 年第 2 版。

刘春生，谷巍:《药用植物学》，中国中医药出版社 2016 年第 4 版。

刘波:《中药炮制技术》，人民卫生出版社 2018 年第 4 版。

车勇，陈美燕:《中药炮制技术》，中国医药科技出版社 2019 年第 2 版。

国家药典委员会:《中国药典（一部）》，中国医药科技出版社 2015 年版。

何银堂，胡作亮:《本草名释与传说故事》，中国中医药出版社 2012 年第 2 版。